城市排水管网系统优化与重构

郝天文　著

中国建筑工业出版社

图书在版编目（CIP）数据

城市排水管网系统优化与重构 / 郝天文著 . —北京：
中国建筑工业出版社，2024.3
ISBN 978-7-112-29702-3

Ⅰ . ①城… Ⅱ . ①郝… Ⅲ . ①城市排水—排水系统
Ⅳ . ①TU992.03

中国国家版本馆 CIP 数据核字（2024）第 059365 号

责任编辑：张智芊　宋　凯
责任校对：赵　力

城市排水管网系统优化与重构
郝天文　著
*
中国建筑工业出版社出版、发行（北京海淀三里河路 9 号）
各地新华书店、建筑书店经销
华之逸品书装设计制版
廊坊市海涛印刷有限公司印刷
*
开本：880 毫米 ×1230 毫米　1/16　印张：8　字数：152 千字
2024 年 3 月第一版　　2024 年 3 月第一次印刷
定价：**38.00** 元
ISBN 978-7-112-29702-3
（42327）

电话：（010）58337283　QQ：2885381756
（地址：北京海淀三里河路 9 号中国建筑工业出版社 604 室　邮政编码：100037）

序

城市排水管网系统是保障城市排水安全和水环境质量的重要基础设施，本书是对该领域有关学术研究成果的总结提炼与集成，内容侧重于基础研究、方法研究以及相应的实证研究。研究思路以问题为导向，从实际工作中发现问题，通过分析研究找到产生问题的根源，在此基础上制定解决问题的对策，并在具体工程案例中加以验证。研究成果有利于客观认识我国城市排水系统的真实建设水平及存在的关键问题，对城市排水管网系统的优化与重构将提供重要的技术支撑和经验借鉴。

该书有两个显著特点，首先是时间跨度大，书中引用的一些规划项目，如“汕头市龙湖东区排水改造规划”和“肇庆端州城区管线综合规划”距今已有二十多年；早期发表和撰写的一些文章，如“城市排（污）水系统规划改造方案的合理制定”“城市黑臭水体治理的路径选择”“城市建设对水系的影响及可持续排水系统的应用”“市政工程专项规划编制几点问题的探讨”和“对暴雨强度公式修编的思考”距现在也有十多年之久。虽然时间比较久远，但从这些项目和文章中总结提炼出的方式方法、研究重点和研究成果依然能为当前和今后城市排水管网系统的规划建设发挥较好的指导作用。其次是研究内容比较广泛且相互间存在密切的联系，包括水环境综合整治，污水收集系统改造与建设，可持续城市排水系统的应用，设计方法对排水系统的影响以及与道路积水因果关系研究，城市既有排水管网建设水平定量评价，气候条件对城市雨水管网排水能力的影响等方面。

书中有多篇文章是关于雨水管设计方法的分析研究和工程验证。我国对雨水管设计方法的研究比较滞后，从20世纪70年代以来，一直采用暴雨强度公式法来指导雨水管网工程和排水设施的规划建设。但该设计方法的应用具有一定的前提条件和适用范围，超范围应用该设计方法会对排水系统的排放安全和工程投资造成不利影响。目前很多城市面临的排水困局，如新建城区时常发生积水，个别城市长期存在难以治理的积水顽症路段等现象，都与不合理使用该设计方法有着内在的联系。为规避现有设计方法的缺陷，科学指导雨水管网的规划设计，本书提出了一种新设计方法即等降雨强度法，该方法具有多个优点，一是系统整体排水能力能满足设计标准要求，排水安全得到很好保障；二是工程投资效益明显，若在全国城市推广应用，每年可节省一百亿左右的工程投资；三是提供了一种管网评估和诊断的方法和手段，能客观和定量评价既有排水系统的实际建设水平，准确识别出系统中存在的问题管段；四是便于与防洪排涝工程中的设计流量进行定量衔接。研究结果表明，设计方法科学与否直接关系到城市的排水安全，影响到排水管网工程建设投资的合理性。

在典型案例解析部分，通过对不同案例排水系统的分析梳理和研究成果的应用，并借助水力计算的复核验证，找出了为什么一些城市或地区容易发生积水，而一些地区不易发生积水的深层次原因。

除少数文章在学术期刊上公开发表外，书中大部分研究成果都是首次公开，特别是雨水管设计方法与道路积水的关系，既有排水管网建设水平评价，不用设计方法对系统排水能力和工程投资影响对比研究，气候特征对雨水管网排水能力的影响，城市路面塌陷与排水工程内在联系机理研究等内容，都是花费了大量的时间和精力，在开展一系列定量分析和实证研究基础上得出的原创研究成果，因此在引用书中相关研究结论时，请标明出处。

希望本书能为业内同行和关注城市排水问题的朋友们提供一些帮助和借鉴。

郝天文

2024 年 2 月

目 录

研究重点导读

城市排（污）水系统规划改造方案的合理制定

本文是根据1999年作者负责的“汕头市龙湖东区排水改造规划”项目整理而成。规划项目以现状分析评价为突破点，结合龙湖东区污水系统实际运行状况、排水系统建设要求，并综合考虑实施难易程度、后期维护等因素，制定出符合当地实际情况的污水系统规划改造方案，明确了不同阶段的规划建设重点和实施效果。实施方案坚持梳理改造与规划新建相结合，工程建设与维护管理并重，通过对污水设施的系统梳理、清淤疏通以及对重要污水管段和关键节点的改造建设，恢复和提升既有污水系统的功能与作用，为提高建成区污水收集率和改善城市水环境质量创造了良好条件。虽然该项目实施比较早，但项目中所采用的技术方法和实施途径依然能为当前城市污水管网系统完善和水环境综合整治提供较好的经验借鉴。

城市黑臭水体治理的路径选择

在城市黑臭水体治理过程中还存在不尽如人意的地方，如对黑臭水体的成因缺乏深入了解，治理方案缺乏系统性和针对性；治理措施存在重工程设计轻系统方案制定，重工程建设轻维护管理等现象，并影响到水环境整治的实施效果。黑臭水体治理是一项复杂的系统工程，要对黑臭水体的成因进行综合分析，结合城市排水设施建设水平、水环境质量现状、污染源构成以及时空变化特征等因素，从技术、投资、运营维护等方面对治理方案进行比选和优化。实施方案应因地制宜、标本兼治，实施路径技术可行、经济投入可承受、运行效果稳定。而构建完善的污水管网收集系统是根治黑臭水体的重要保障，应结合城市规划建设、城市更新改造和污水管网系统性要求，建设和完善污水管网系统；对于合流制区域，要优化截留设施布局，并由末端集中截留向中前端分散截留方式转变。通过对既有排水设施进行梳理，改造和增补排水系统的重要管段和关键节点，理顺小区排水系统与周围市政排水系统的关系，恢复和提升现有排水系统的功能与作用。

城市建设对水系的影响及可持续排水系统的应用

本文发表在期刊《给水排水》2005 年第 11 期，是作者根据在英国卡迪夫大学留学期间撰写的硕士论文整理而成，也是首次向国内介绍和推广可持续城市排水系统（SUDS）的学术成果。在城市快速扩张时期，城市建设对水系产生很大的影响，如径流条件改变、水面面积减少、明河变暗渠、水体污染和防洪排涝风险增大等，而传统的城市排水系统难以有效应对这些问题。可持续城市排水系统兼有防洪排涝、雨水利用和减污等特点，能充分体现城市水系的多功能性。可持续城市排水系统的推广应用将克服传统排水系统的不足，能有效缓解城市建设对水系的不利影响，保证城市排水安全和可持续发展。

市政工程专项规划编制几点问题的探讨

本文发表在期刊《城市规划》2008 年第 9 期。首次对我国不同层次城市规划中的市政专业规划以及行业部门专项规划的特点、作用和局限性进行了系统对比研究，探讨了市政工程专项规划出现的背景以及编制此类型规划的重要性和必要性，同时结合多个已编制完成的市政工程专项规划项目，总结提炼了编制此类规划应注意的关键事项和具体的编制要求。文章同时强调市政工程专项规划的编制应因地制宜、量力而行，若暂时还不具备对所有市政工程进行综合规划的条件，可根据城市迫切需要解决的问题和工程规划的需求，选择其中的一项或几项加以编制。鉴于排水工程管线对道路和场地竖向要求较高，且所占道路空间资源相对比较多，对上方其他市政管线的空间布置有很大影响，建议把排水工程专项规划编制优先提到议事日程上去。

对暴雨强度公式修编的思考

本文发表于 2017 年 8 月《给水排水》杂志微信公众

号上。近十年来，很多城市都对原来的暴雨强度公式进行了修编，在公式修编过程中，人们把重点放在如何按照相关技术导则要求、利用最新的降雨资料和技术手段来推导新的暴雨强度公式上面，很少考虑由于降雨资料年限、选样方法、折减系统不同所导致新旧暴雨强度公式计算结果的差异性。为保持城市雨水管网的连续性和系统性，应加强对新修编暴雨公式的技术论证和工程验证，通过对新旧公式的对比研究，找出不同版本公式计算结果的差异以及对系统排水能力的影响，以实现规划新建雨水管网工程与既有排水工程建设标准或排水能力的有效衔接。

暴雨强度公式法适用范围的界定

长期以来，我国一直采用暴雨强度公式法对雨水管网进行设计，因在具体设计计算过程中把降雨历时简单等同于雨水汇流时间，使得该方法具有一定的适用范围。由于没有其他更适宜的设计方法可以选用，使得暴雨强度公式法的应用范围非常宽泛，几乎没有任何限定条件。超范围使用该设计方法，会对系统整体排放能力造成不利影响，使城市面临一定的排水安全风险，因此需要界定其适用范围。虽然一些设计规范提出用一个固定的“汇水面积”阈值作为该方法的使用上限，但并没有说明确定该数值的依据。通过对不同工况排水系统的实证研究，发现影响“汇水面积”阈值的因素很多，包括排水系统形状、折减系数、管道设计坡度等，使得同一个城市不同排水系统推求得出的“汇水面积”阈值相差很大。为此，文章建议采用不受上述因素影响的“雨水汇流时间”作为界定暴雨强度公式法使用范围的控制指标，同时提出了保障系统整体排水能力的对策与建议。

城市排水系统中“大管接小管”现象剖析

通过对数十个城市现状雨水管网资料的分析梳理，发现有多个城市现状雨水管网系统中存在“大管接小管”现象，即随着下游管段汇水面积的增加其管径不是大于而是小于上游雨水管管径的情况，此现象的发生必然会对系统排水能力造成不利影响。文章通过研究现有雨水管设计方法即暴雨强度公式法的特征，并对不同类型排水系统中雨水管网的雨量计算结果进行对比分析，发现暴雨强度公式法存在的缺陷是造成上述现象的真正原因，文章还指出在什么情景下排水系统最容易发生“大管接小管”现象。

新旧版暴雨强度公式对城市排水系统的影响研究

我国城市绝大部分现状雨水管网都是按照旧版暴雨强度公式进行设计的，旧版暴雨强度公式在降雨资料年限、选样方法和参数选取等方面与新版暴雨强度公式有所不同，使得按不同版本暴雨强度公式构建的雨水管网系统排水能力和工程投资存在差异。文章以北京市暴雨强度公式为例，对比分析了新旧版暴雨强度公式降雨强度时空变化的差异性，并结合具体工程案例，综合评价新旧版暴雨强度公式对系统排水能力和工程造价的影响。研究结果表明，和旧版暴雨强度公式相比，按新版暴雨强度公式构建的排水系统，上下游雨水管排水能力相差悬殊的状况得到一定改善，系统排水能力得到一定程度的提升，但雨水管排水能力依然呈现明显的“强支弱干”特征，即雨水支管排水能力很强，而雨水干管排水能力相对较弱。在工程投资方面，新版暴雨强度公式对应的工程造价要高于旧版暴雨强度公式对应的工程造价，因此不能仅凭新版暴雨强度公式选样方法不同而贸然提高雨水管网的设计标准。

雨水管设计方法与城市道路积水因果关系研究

雨水排放引发的城市排水安全问题主要体现在两个方面，一是由于排水管网系统原因造成的道路积水问题，二是由于排涝设施（包括收纳水体、排泄通道和排涝泵站等）原因导致的内涝问题，其中前者造成的城市排水安全事件占比最高，且发生的频次远高于后者，本文重点研究排水管网系统与道路积水的关系。影响雨水管网系统排水能力的因素很多，在已识别出的众多制约因素中，却很少考虑雨水管设计方法对管网系统排放能力的影响。研究发现，当现有设计方法即暴雨强度公式法应用到汇水范围较大且地势平坦的排水系统时，下游一些雨水干管的排水能力会明显低于系统设计标准要求，当遭遇设计标准降雨时，这些雨水管段靠重力流排放已无法满足雨水径流排除要求，其排水方式转变为承压排放，在此情景下，这些管段的水力坡度大于雨水管的设计坡度，具体表现为水面线标高超出雨水管管顶。一旦排水系统内雨水管水面线高出路面或水头压力大于管道覆土厚度时，就会发生路面积水现象。另外，积水点与导致积水的瓶颈管段在排水系统内的空间错位，也在很大程度上增加了道路积水治理的难度。因此，找到真正原因才是有效解决道路积水问题的根本，精准施策可实现事半功倍的效果。

不同设计方法对城市排水安全和工程投资的影响研究

雨水管设计方法合理与否直接影响到城市排水安全和工程投资规模。通过对比分析按不同设计方法设计构建的排水系统的排水能力和工程造价，按现有设计方法即暴雨强度公式法构建的排水系统，雨水支管和雨水干管排水能力相差悬殊，虽然绝大部分雨水管排水能力大于系统设计标准要求，但仍有个别汇流时间较长的雨水（干）管管段排水能力低于设计标准要求，加上上游雨水支管排水能力很强，进一步加剧了系统下游雨水干管的排水压力，使系统面临一定的排水安全风险。按新设计方法即等降雨强度法构建的排水系统，所有雨水管排水能力均能满足设计标准要求，系统整体排水能力与设计标准相匹配，排水安全能得到较好保障。在工程投资方面，等降雨强度法对应的工程投资要低于暴雨强度公式法对应的工程投资，且随着设计标准的提高，两种设计方法对应的工程投资差距也越来越大。

城市现状雨水管网工程建设水平评价

客观了解城市现状雨水管网工程建设水平，准确识别排水系统中存在的薄弱环节，对制定行之有效的改造建设方案至关重要。目前，对城市既有排水系统的实际运行状况存在误判，严重低估了其排水能力以及对应的建设标准。受现有设计方法即暴雨强度公式法的影响，相同设计标准下，不同排水系统对应的整体排水能力即建设水平差异很大，即设计标准并不能真正代表和准确反映既有雨水管网系统的真实建设状况。例如，当系统设计标准确定后，对于汇水范围较小、雨水管汇流时间较短的排水系统，其整体排水能力明显大于设计标准要求，系统对应较高的建设水平；对于汇水范围较大、雨水管汇流时间较长的排水系统，其整体排水能力低于设计标准要求，系统对应较低的建设水平。对于同一个排水系统，上下游不同位置雨水管道排水能力即建设水平相差也非常大，其中雨水支管建设标准很高，而下游雨水干管建设标准相对较低。总体而言，我国城市现状雨水管网系统的实际建设水平是建设标准过高与建设标准偏低共存，具体表现为绝大部分雨水管建设标准明显高于系统设计标准，尤其是雨水支管建设标准很高；同时有少部分雨水干管建设水平偏低，其建设标准低于系统设计标准，这些瓶颈管段的短板效应影响到系统的整体排水能力和建设水平。

城市排水系统的困局与重构（一）

本文发表在期刊《城市规划》2019 年第 8 期。对于城市排水安全问题，社会各界包括业内人士普遍认为现状雨水管网建设标准低是造成很多城市道路积水的主要原因，由此，提高雨水管网设计标准和对既有排水系统进行提标改造，已成为很多城市应对城市排水问题的主要对策。经过多次修订和调整，雨水管网的设计标准较以前有了明显的提高，但道路积水问题却依然没有得到彻底解决。这种困局的出现在很大程度上与现有雨水管设计方法和设计标准的选取方式有着密切的联系。通过分析研究和工程案例验证，文章提出了破解城市排水困局的相关措施，包括尽快制定科学的设计方法，合理界定现有设计方法的适用范围，优化配置上下游雨水管设计标准，衔接好排水系统内不同环节、不同排水设施、管道与河道、内河与外河之间的关系，处理好排水管网系统现状、近期建设、远期规划以及远景发展的关系等。

城市排水系统的困局与重构（二）

本文发表于 2019 年 8 月《城市规划》杂志微信公众

号上，是在同名文章基础上精简整理而成。近些年来，针对城市不断发生的道路积水问题，在规划设计层面也采取了相应的措施，如修订暴雨强度公式，不断提高雨水管网的设计标准，但这些措施的实施并没有从根本上解决城市面临的排水问题，从而使城市排水系统的建设陷入困局。通过综合分析研究，现有雨水管设计方法存在的缺陷和设计理念的落后是造成道路积水的主要原因。当该方法应用到汇水范围较大且管网坡度较小的排水系统时，雨水支管和雨水干管排水能力相差非常悬殊。在特殊情况下，一些排水系统还会出现“大管接小管”现象，即上游雨水管段管径大于下游雨水管段管径的情况，严重影响系统的整体排水能力。准确识别出排水系统存在的问题及其成因，是破解城市排水困局的关键。

气候条件对城市雨水管网排水能力影响研究

长期以来，人们往往把设计标准作为评价不同城市雨水管网建设水平的主要指标，而很少考虑相同设计标准下降雨强度的差异。研究表明，决定城市降雨强度大小的主要因素不是降雨总量，而是与降雨过程是否均衡有很大关系。受区域气候条件、地理环境等因素的影响，国内外不同城市的降雨特征差异明显，降雨强度相差很大。在相同设计标准下，我国城市对应的降雨强度、雨水管的排水能力和工程建设规模均远高于欧美城市，并造成雨水管和排水设施运行效率低下，闲置现象严重。若采用国外城市较高的设计标准，除显著增加工程投资外，还将进一步降低排水设施的运行效率。为此，分析研究气候条件对不同城市降雨强度和雨水管网排水能力的影响，在此基础上选择适宜的设计标准、构建适合当地实际情况的雨水控制与排放系统，不但可以节约工程投资、提高排水设施运行效率，还可以有效应对城市面临的排水安全问题。

城市路面塌陷与排水工程内在联系机理研究

地面塌陷是指通过渐进下沉或急剧下沉形式在地面形成沉降或塌陷的现象，到目前为止，全国已有50余个城市出现不同程度的地面沉降或塌陷事件，一些路面塌陷还造成了重大人员伤亡情况。对于城市建成区，人为因素是主要诱因，包括水力管线破损渗漏、地面负荷加载、道路开挖、地下空间开发建设等。对于城市道路，涉水管线尤其是排水管渠破损渗漏所引起的地面塌陷事件占比最高。文章系统分析了城市雨水排放与路面塌陷的内在联系，尤其是现有雨水管设计方法的不合理应用，会造成一些雨水管渠排水方式在汛期呈承压排放状态。而排水管道一般为非承压管道，其抗压能力很弱，当承压排放时，必然会对包括管材、管道基础、检查井等在内的排水设施结构造成一定程度的破坏。研究表明，对于地下水位较深的城市，承压排放引发的管渠破损渗漏会加速管渠周围的水土流失，加重上方土层的不稳定性，从而缩短路面塌陷的形成进程，即一些城市路面塌陷现象是不合理应用现有雨水管设计方法所引发的一种次生灾害。开展城市排水与路面塌陷因果关系的机理研究，有利于从城市排水的角度，识别出路面塌陷的高风险地区，并为制定针对性的预防与治理对策提供技术支撑。

治理和缓解城市内涝的规划建设建议

自郑州“7·20”特大暴雨发生以来，国家对提高城市防洪排涝能力、保障城市安全运行极为关注。2021年9月，笔者会同中国城市规划设计研究院总工室孔彦鸿副总工程师、院士工作室陈明主任等人撰写了《对治理和缓解城市内涝的规划建设建议》专报，并报送住房和城乡建设部领导和有关司局。文章对排水领域的现状特征和存在问题进行了分析，对道路积水和积水顽症路段原因进行了识别，并提出了应对城市道路积水的相关对策，对制定保障城市排水安全政策建议和推动相关工作具有一定的参考作用。

I

第一部分

研究重点

城市排（污）水系统规划改造方案的合理制定

——以汕头市龙湖东区排水改造规划为例

摘　要：黑臭水体现象很多年前就出现在沿海经济发达地区的城市，这些城市结合自身的实际情况采取了相应的水环境整治措施。本文结合汕头市龙湖东区排水系统规划改造项目案例，探讨通过改造完善城市污水收集系统，以实现改善城市水环境质量的方式方法。项目特点是结合排水系统现状分析、污水管网建设要求、建设时序以及实施难易程度等因素，筛选出适宜的污水系统改造建设方案，为污水收集奠定良好基础。在方案的指导下，经过多年的改造建设，在区内形成了比较完善的污水收集系统，黑臭水体现象基本消除。

关键词：排水系统；黑臭水体；雨污水管错接；梳理与改造

1 前言

我国不同城市排水设施规划建设和管理水平相差很

大，面临的水环境问题及其成因各不相同，因此，每个城市所采取的治理对策也有所差异。龙湖东区位于汕头市的东部，最早的汕头特区就位于其中，其范围包括金环路以东、新津河以西，黄河路以南至汕头港水域，面积约30km²。在规划方案编制期间，金环路和铁路之间为现状建成区，面积约20km²，铁路以东为未建设地区，面积约10km²。相对于汕头市其他区域，当时龙湖东区基础设施建设起点比较高，排水系统除局部地区为雨污合流制外，大部分地区按雨污分流制进行建设。但由于小区建设与市政污水收集系统建设时序缺乏衔接、污水处理厂厂址变化等因素，在区内存在雨污水管错接和污水直排现象，既影响到污水处理厂的正常运行，也对河流水系造成不同程度的污染。因此，尽快制订出切实可行的排水系统整治改造规划方案是龙湖东区迫在眉睫的事项。

2 现状排水系统分析评价

2.1 污水收集系统不完善，水体污染比较严重

因行政管理部门变更、建设管理体制改变、特区范围扩大、污水处理厂厂址多次挪位以及上下游污水管网建设不同步等因素的影响，龙湖东区还没有形成完善的污水收集和输送系统，存在着个别上游污水管无法与下游污水管道接驳、管线绕弯路、大管接小管和断头污水管等现象。

另外，新建污水处理厂距建成区较远，且中间为未开发建设地区，虽然现状建成区道路下都敷设有污水管，但因中下游污水管网系统不完善，导致建成区产生的一部分污水没有出路，有些市政污水管临时接入河道，一些市政污水管临时与雨水管连通；小区雨污水管道与市政雨污水管道也有错接现象，造成一些雨水管内有污水（图 1），污水管里有雨水，所以从排水系统的实际运行情况来看，排水系统是一种混流制。污水直排和雨污水管道的混接，使建成后的污水处理厂只能收集到少量的污水，而且进水的污染物浓度偏低，影响到污水处理厂的正常运行。同时也使河道水体受到严重污染，水环境质量只能达到地面水 V 类水质标准；特别是区内的三角关沟和新河沟，受沿岸生活污水和工业废水排放以及河道排水不畅等因素的影响，水体污染尤其严重，给城市环境和周围居民的日常生活造成不利影响。

图 1　晴天沿河雨水口排出的污水

2.2 不均匀沉降与管道淤积

龙湖东区大部分地区是围海而成，地势平缓，地下淤泥层厚，工程地质条件差，地基承载力较低，很容易引起路基和地下管线沉降，特别是沿海地区地面沉降幅度更大。

以中山东路污水干管为例（图 2），通过实测检查井管道内底标高，并与原设计标高进行对比分析，可以看出污水管道不均匀沉降现象十分严重。污水管道的不均匀沉降，使本已坡度很缓的污水管道在局部地段出现反坡现象，加剧了管道的淤积，降低了污水管道的排放能力，严重时还会导致污水管道断裂、污水渗漏和地下水的回灌。

受管道设计坡度低、不均匀沉降和下游水体顶托的多重影响，龙湖东区的雨水管和污水管淤积十分严重。根据测绘部门提供的实测资料，该区域大部分排水管道都存在不同程度的淤积，其中半堵的检查井（淤积深度超过管径

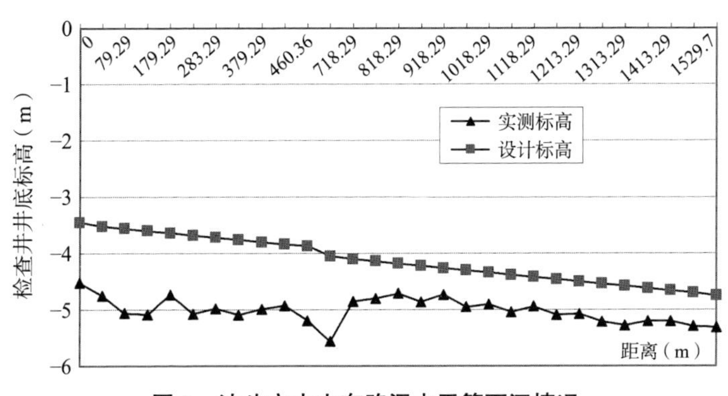

图 2　汕头市中山东路污水干管下沉情况

一半及以上）占 27%，几乎全堵的占 8%。检查井和排水管的淤积不仅降低了排水能力，在汛期排水管道内的沉积物有可能被冲刷到水体，对收纳水体的环境质量造成不利影响。

3 污水系统整治与改造对策

科学合理的污水系统规划改造方案在实施过程中可以发挥关键作用。项目以现状分析评价为突破点，根据龙湖东区污水系统实际运行状况和排水系统建设要求，并综合考虑实施难易程度、后期维护以及实施后的综合效益等因素，制定出符合当地实际情况的污水系统规划改造实施方案。

3.1 排水设施现状分析评价

通过走访各委办局、规划设计单位，建设施工和管理单位等部门，从不同渠道收集整理现状排水设施的基础资料，绘制出龙湖东区准确和完整的雨水工程和污水工程现状图，包括管材、管径、管位、埋深等基本信息，为现状管网评估和治理方案制定奠定了很好的基础。

同时结合勘察设计单位同步测量的排水管网资料，进一步核实排水资料的准确性，掌握现有排水管线的实际运行状况。根据对现状排水设施的综合分析，区域内大部分排水管道尚能继续运转，污水管道系统基本上没有出现污水冒溢现象，因此，在确定排水管网的规划改造方案时充分利用现有的污水管道系统。

3.2 小区排水系统的排查与整治

由于一些小区建设与市政排水管网建设不同步，加上管理不到位，经常出现污水直排和污水排入雨水管的现象。为消减排入水体的污水量，通过多方案分析比较，并征求规划、城建等部门的意见，最终确定按照严格雨污分流要求把小区雨接污和污接雨的现象纠正过来。为此需要对小区内部的排水系统进行仔细排查，对雨污水排放去向进行核查，对于小区污水排入市政雨水管的应改接入市政污水管，小区雨水接入市政污水管的应改接入市政雨水管，凡临时将小区污水排到附近水体的应对排放口进行封堵，把污水排至市政污水管。

鉴于小区数量多，现状排水状况非常复杂，要彻底解决雨污水管错接现象，工期长，工程量和实施难度大，方案建议根据小区或用户的用水量大小，按照从大到小、从易到难的顺序逐步进行改造，尽可能在短时间内把大部分小区错排和直排的污水收集到市政污水管道中去。

3.3 市政污水管道的梳理与改造

结合龙湖东区的实际情况，在充分发挥现有污水管网作用的基础上，为有序构建完善的污水收集系统，污水管网的整理与改造建设可按三个阶段分期实施，不同阶段对应的空间范围如图 3 所示。

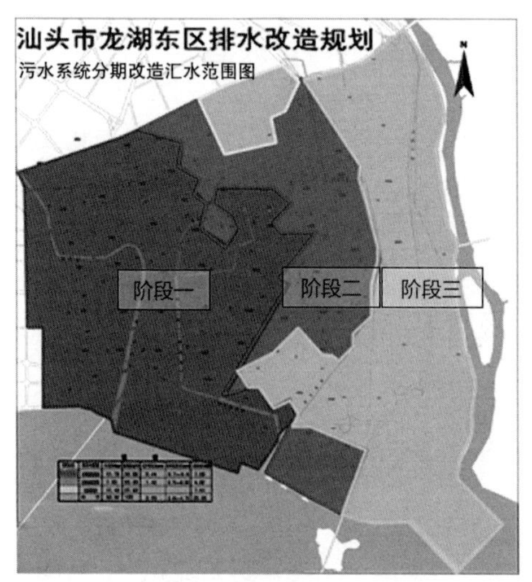

图 3　污水系统分期改造范围图

阶段一，对现有污水管网接通理顺。当时龙湖东区已建成污水管道约 81km，合流管道 7.4km，应充分利用这些现有污水管道。通过对既有污水管网的梳理，摸清污水干支管、新旧管及排污口接驳不到位、雨污水管混接等情况，在此基础上衔接好小区排水管与市政排水管、市政雨水管与市政污水管的关系。通过对现有排水管道的梳理和接通，污水管网的有效收集范围达到 11.73km^2，可收集污水 $2.7 \times 10^4 \sim 3.8 \times 10^4 m^3 \cdot d^{-1}$。

阶段二，近期改造建设。建成区一些区域污水管线还不成系统，尤其是在现状建成区与规划建设区相邻地区存在污水断头管、污水无出路的现象。为使已建成的大部分污水管线发挥作用，提高污水收集率，减少污水无序排放，需要在一些关键路段新建市政污水管道，并对局部现状污水管进行改造。该阶段的主要任务是理顺与南北向污水干道相连的现有污水管线，尽快把南北向的污水管与中山路污水干管的预留支管接通，然后从下游到上游将临时排入水体和雨水管的连通管堵死。这一阶段需新建和改建污水管约 9km，这一步骤完成后，污水管网的收集范围将从原来的 11.73km^2 扩大到 18.76km^2，可收集污水量为 3.4×10^4 ～ $4.8 \times 10^4 m^3 \cdot d^{-1}$。表 1 是不同改造阶段对应的污水收集范围和可收集的污水量情况。

不同改造阶段污水管网收集范围及可收集污水量　　表 1

期限与措施	汇水面积（km^2）	占总面积比例（%）	片区现状污水量（$10^4 m^3 \cdot d^{-1}$）	近期可收集污水量（$10^4 m^3 \cdot d^{-1}$）
近期接通理顺	11.73	38.82	5.44	2.7～3.8
近期改造建设	7.03	23.26	1.42	0.71～0.99
远期规划建设	11.46	37.92	0	0
合计	30.22	100	6.86	3.41～4.79

阶段一和阶段二完成后，可以充分发挥既有污水管网的作用，并用较少的投资、在很短的时间内把建成区大部分污水收集输送到污水处理厂进行处理，为保障污水处理

厂正常运行、有效改善城市水环境质量奠定良好基础。

阶段三，远期规划建设。规划建设区面积为 11.46km^2，该区域污水工程建设可结合城市用地规划和道路建设有序进行。为构建完善的污水收集系统，在此阶段，需规划新建污水管网约 50km。

当整个污水系统整理改造建设完成后，在龙湖东区将形成九个污水收集子系统，分别是龙湖泵站、天山南路、衡山路、嵩山路、三角关沟、中山东、黄山路、黄厝围沟和新津河污水收集子系统，这些子系统共同构成龙湖东区的污水管网收集系统（图 4）。

图 4　规划改造后污水系统分区图

3.4 排水管网的维护与管理

工程建设与维护管理并重。在进行必要的管网改造与建设的同时，应重视对现有排水管网的养护维修，对破损和沉降严重的污水管道和检查井及时进行修复，对满足不了排水要求的污水管段进行提标改造。针对龙湖东区排水管容易淤积的特征，首先对路面及时进行清扫，并加大排水管道清淤疏通的力度，缩短养护周期，减轻管道沉积物对水体造成污染的风险，恢复或改善既有排水管网的排水能力。

建立地下工程管线档案，完善竣工验收存档制度，为规划建设管理和审批创造条件。对新建污水工程加强施工质量管理，严格审批验收制度，从源头防止出现新的雨污水管错接现象。

4 结论

很多城市在发展过程中都面临着污水收集系统不完善、污水处理设施运行效率低，并由此造成城市水体污染等问题，为制定适宜的治理对策，应对城市既有排水工程进行系统分析，结合规划建设目标，通过方案比选，选择出技术可行、经济投入合理、见效快的实施方案。

实施方案应坚持梳理改造与规划新建相结合，工程建设与维护管理并重。通过对污水设施的系统梳理、清淤疏通以及对重要污水管段和关键节点的改造建设，恢复和提升既有污水系统的功能与作用，为提高建成区污水收集率和改善城市水环境质量创造条件。

城市黑臭水体治理的路径选择

摘　要：我国很多城市都存在黑臭水体现象，如何在规定的时间内完成治理任务是城市面临的重大难题。目前，在水环境综合整治过程中还存在对黑臭水体成因分析不透彻，对进入水体污染物构成和时空变化规律缺乏深入研究，对方案比选和方案制定重视不够等现象，加上建设时序安排不当，治理措施缺乏针对性和系统性，影响到水环境质量的改善效果。为有效推进黑臭水体的治理工作，应对其成因进行综合分析，同时结合城市排水设施建设水平、水环境质量现状、污染源构成等因素，从技术、投资、运营维护、综合效益等方面对治理方案进行优化，制定出技术可行、经济投入可承受、运行效果稳定的实施方案。治理方案应充分利用现有工程设施，坚持因地制宜，标本兼治。

关键词：黑臭水体；污水管网；方案比选

1 引言

除西藏自治区等少数省份或自治区外，我国大部分省份或自治区的城市都存在黑臭水体现象。随着人们对城市环境的关注和对美好生活的追求，黑臭水体治理已成为最关心的话题之一。近年来，城市水环境治理越来越受到各级政府的重视，其中“水十条”黑臭水体的综合整治作为国家战略的重点，提出了各类城市在不同时期的治理目标。2015 年 9 月，住房和城乡建设部发布了《城市黑臭水体整治工作指南》，以指导各城市有序开展黑臭水体的治理。特别是从 2018 年起，中央财政拟分批支持部分城市开展城市黑臭水体治理试点，以此为契机，在全国范围内掀起了治理城市黑臭水体的新高潮。

当前，在黑臭水体治理过程中还存在一些问题，如对黑臭水体的成因缺乏深入分析，治理方案缺乏系统性和针对性；治理措施存在重工程设计、轻系统方案制定，重工程建设、轻维护管理等现象，影响到水环境整治的实施效果。为有效推进黑臭水体的治理工作，改善沿河两岸的人居环境，提升城市宜居品质，需要对造成水污染的原因进行系统分析研究，比选和优化治理方案，找到符合当地实际情况的水污染治理对策和实施路径。

2 当前主要问题识别

2.1 对黑臭成因缺乏深入分析研究

从生物化学反应原理讲，黑臭水体是由于水体严重缺氧、有机物在厌氧菌的作用下分解产生甲烷、硫化氢、胺、氨和其他易挥发带臭味或异味的产物，水体过量纳污、超出其水环境容量是造成黑臭水体的关键因素。进入水体中的有机污染物主要来自点源和面源两个渠道，其中点源是指城市产生的生活污水、工业废水、规模化养殖废水以及分散排放的污水，其特征是排污量大且空间排放相对集中，是水体有机污染物的主要来源。城市面源污染物则主要来自地面污染物、大气污染物的沉降、合流制溢流污水以及初期雨水，其特征是污染物涉及面广且排放分散，治理难度大。

目前，一些城市对导致水体污染的成因缺乏深入和全面的了解，对进入水体的污染物构成、时空变化特征和对水体污染的贡献没有进行定量的分析研究，对当地的排水设施现状、气候和水文特征、经济发展水平、水环境状况等因素考虑不够充分，采取的工程措施缺乏针对性，没有把主要污染源的控制作为黑臭水体治理的重点，实施效果事倍功半。

2.2 缺乏系统性的治理方案

很多城市对治理水环境污染的复杂性估计不足，方案缺乏整体性和系统性。一些城市黑臭水体治理主要表现为在短期内出实施效果为特征，常采取一些临时性或应急性的措施，忽视了与长期治理和后期运营维护的结合。

个别城市把水环境整治主要放在对内源治理方面，即通过不断清除河床污泥来试图快速改善城市的水环境质量，因该方式不能有效切断外部增量污染源的输入，导致水体黑臭现象不断反复。一些城市则把黑臭水体治理寄希望于污水截流、筑坝、护岸治理等末端工程建设，没有从构建完善污水收集系统的角度对城市排水管网进行梳理、改造和建设，从而制约了工程的实施效果。对于靠近大江、大河的个别城市，则往往采取引水冲污、换水稀释的措施来应对城市内部的水污染问题，这种方式潜在的最大风险是极易造成污染转移，对河道下游的水环境质量造成不利影响。还有一些城市为在短时间内快速消除水体黑臭现象，甚至采取向水体投加化学药剂的方式以实现水环境质量的改善，该措施面临的最大问题是水污染治理成本较高，治标不治本，而且添加的化学药物有可能对水体造成二次污染。

排水管网的改造建设也缺乏系统性的指导。以老城区合流制改造为例，受多重因素的制约，很难在短时间内把建成区内的合流管网彻底改造为雨污各自独立的排放系统，很多城市就把截流式合流制作为折中或过渡的方案。但在具体实施过程中，存在截流设施布局不合理、截流倍数设置不当等现象，采取的截留措施一般为末端集中截留以及沿河设置或在河床下敷设截污干管等方式，加上对截取的外水来源和变化特征认识不足，合流污水截留实施效果并不理想，具体表现为：一方面溢流污水对河道等水体造成一定程度的污染；另一方面，进入污水处理厂的污染物浓度严重偏低。

对小区内部排水管网的整治与改造重视不够。目前，排水管网的改造建设侧重于市政道路上的排水管道，对小区内部排水管网的整治关注不够，没有衔接好小区排水管与市政排水管之间的关系。一些城市由于居住小区建设与市政排水管网建设不同步，加上管理不到位，经常出现小区污水排入市政雨水管和污水直接排入附近水体的现象；即使在外围市政道路上已建成雨污分流的地区，由于雨污水管的错接，除对水体造成一定程度的污染外，还导致污水处理厂进水污染物浓度偏低，影响污水处理系统的处理效果。

以某城市污水收集系统为例（图 1），该城市排水系统基本上为合流制，汛期时进入污水处理厂的污水量大概是旱季时的 2.5 倍。污染物浓度在截污干管上下游

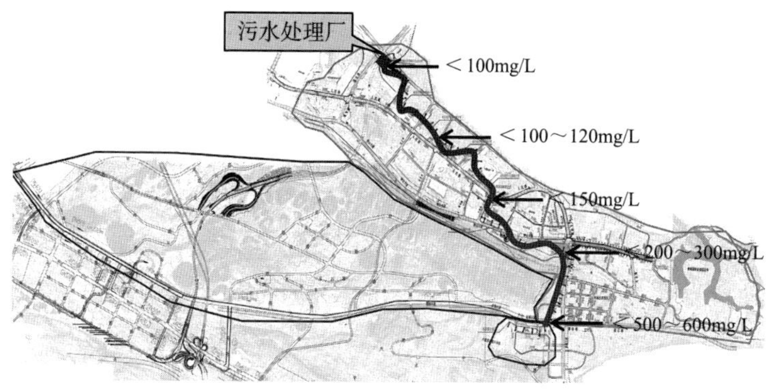

图 1　某城市污水主干管不同位置 COD 浓度变化情况

之间变化幅度非常大，在污水管网起点，COD浓度为500～600mg/L，然后污染物浓度从上游管段到下游管段逐渐降低，最后进入厂区时COD浓度降低到100mg/L左右，这种情况在很多城市特别是南方城市非常普遍。该案例说明，在排水系统中下游位置沿河道附近建设截污管对合流污水进行集中截留，很难收集到高浓度的污水，河道水环境质量也无法得到明显改善。

2.3 治理对策缺乏针对性

黑臭水体治理目标设定不合理，建设时序安排不周，对策不连贯，措施不得当，导致设定的目标缺乏相对应的实施途径和保障措施。一些城市在水环境治理过程中主次不分，没有把治理重点放在对主要污染源的控制与消减方面，个别城市甚至把面源污染特别是初期雨水径流污染作为水污染综合整治的首要任务，在尚未彻底解决生活污水、工业废水等集中排放点源的情况下，就把建设重点和投资放在初期雨水径流污染治理上面，选取的对策没有考虑雨水径流水质水量的基本特征，采取的治理措施不是从源头来控制和消减进入雨水径流中的污染物，而是以末端治理为主，即通过建设下沉式绿地、植草沟、生物滞留池、雨水花园、透水路面等设施对污染后的雨水径流进行净化，导致工程实施效果不理想。

2.4 以工程为主导

在黑臭水体治理过程中普遍存在重工程建设、轻维护管理的现象。很多城市认为治理黑臭水体的首要任务就是建设污水管网和污水处理设施，因此，非常关注排水工程项目的建设规模和建设进度，而对于如何充分利用现有排水设施、如何改善和提升现有排水设施功能却没有给予足够的重视。另外，对制度建设和后续运营维护管理投入不足，缺乏相应的监督、考核和管理保障机制。加上没有建立畅通的部门协调机制，部门分工不明确，各项工程缺乏统筹，影响到工程的顺利推进和工程综合效益的发挥。

3 黑臭水体的治理途径

3.1 黑臭水体成因识别

位于城市内部的河流汇水面积一般不大，径流量小且不稳定，在旱季甚至出现断流，水体自净能力和环境容量非常有限，少量外部污染源的进入就可能造成水体的严重污染甚至出现黑臭水体现象。而城市是人口高度密集和经济活动非常活跃的地区，污染物排放总量大、排放强度高，一旦部分污染物通过不同方式和途径进入河流水系，很容易导致黑臭水体的产生，尤其是遇到污水收集系统不完善、雨污分流不彻底、污水处理不达标等情况时，直接或间接排入河道的污染物会导致河流水环境质量的恶化。

为有效应对城市黑臭水体问题，首先要对其成因进行仔细诊断，对排入水体的点源、面源以及内源等污染物进行全面细致的摸底、排查、识别、判定，掌握进入水体污染物的来源、构成和时空排放规律。根据不同污染源对水污染的贡献程度，制定出行之有效的治理对策。在污染源控制方面，应把生活污水、工业废水等点源污染作为黑臭水体整治的重点，在污染源得到有效控制的基础上再对其他污染源进行整治。在治理时序方面，应根据污染物排放量的大小和治理难易程度分阶段有序推进。

3.2 重视实施方案比选

科学合理的治理方案在实施过程中能发挥很好的效果。要结合城市排水设施建设水平、气候水文条件，面临的水环境问题、不同阶段治理目标，从经济、社会、环境效益以及后期维护等方面对不同方案进行对比分析，选择出符合当地实际情况的实施方案。治理方案要坚持因地制宜，标本兼治，充分利用现有排水工程设施，并与城市建设、城市更新改造相结合。

合理安排建设时序，有序推进城市水环境改善项目的实施。综合整治方案应先环境后生态，把水环境质量改善作为黑臭水体治理优先考量的目标。当污染源得到有效控制、水环境质量逐步好转、河道功能基本稳定后，再通过植被复育、人工充氧、景观营造、生态堤岸建设等措施，修复和恢复水体的生态功能。对于生态基流较小或基本没有生态基流的河道，可采用再生水、雨（洪）水资源进行补水，满足生态用水需求，从而改善和恢复水体的生态功能。

在流域层面，应先上游后下游或同步实施；对于跨境河流，还要协调好与上下游城镇规划建设的关系，统筹安排涉水环保设施的建设。

3.3 完善城市污水管网系统

构建完善的污水管网收集系统是根治黑臭水体的重要保障。污水收集系统的构建可分为两种情况：一是结合城市空间拓展、道路建设，按照污水收集系统的要求新建污水管道，提高污水管网的覆盖面，为保持良好的水环境质量奠定基础。二是对现有污水管网、检查井等既有排水设施进行系统改建，充分发挥现有排水设施的功能。其中对既有排水系统的改造建设应作为水环境整治和污水管网系统建设的重点。

经过长期建设，目前每个城市都已敷设有量大面广的排水管网，且绝大部分管网仍在发挥收集污水的作用，因此对现有排水管网进行大规模改造既不现实也没有必要，应在充分利用现有排水设施的基础上，对尚未敷设污水管的道路或区域及时进行增补，逐步实现污水管网全覆盖。

对于城市建成区，污水管网的建设重点主要放在对重要管段和关键节点的整治与改造上面，对破损渗漏严重的管道、检查井、管道接头处及时进行修复、修补或更换，减少污水渗漏和地下水的回灌。

对小区内部排水管网进行梳理和排查，理顺小区排水管与市政排水管的衔接关系，凡将污水排入雨水管的应改接入污水管，凡将雨水接入市政污水管的应改接入市政雨水管，凡将污水接入雨水管的应改接入污水管，凡临时将小区污水排到附近水体的应对排放口进行封堵。通过接通理顺现有排水系统并对雨污水管错接现象进行更正，可以用较少的投资、在较短的时间提高污水收集率和污水浓度，也有利于改善水体环境质量。

3.4 妥善处置初期雨水径流污染

与生活污水不同，初期雨水径流具有径流时间短、流量变化幅度大、水质不稳定等特征。而且影响雨水径流污染的因素也比较多，包括降雨强度、降雨量、降雨历时等降雨状况，道路功能和土地利用性质以及地面清扫和排水设施维护状况等因素。根据雨水径流特征，应把污染源源头控制和减排作为控制雨水径流污染的首选方案，而不是对污染后的大量雨水径流再进行处理。以建筑物屋顶垃圾为例，2009 年 8 月，苏州市市容环卫部门启动了对建筑屋顶垃圾的整治工作，其中在一处面积仅为 260m^2 的宾馆楼顶就清理出垃圾 12t，如果这些屋顶垃圾通过雨水径流进入附近水体，将造成大范围的径流污染问题，若对污染的降雨径流进行治理，则难度很大、成本很高。因此，加大路面清扫、市容保洁力度，对城市建（构）筑物楼顶积存垃圾及时进行清理，并在汛期到来之前，对雨水口、检查井、排水管渠以及沿河两岸积存的垃圾进行清除，可以从源头大幅减少进入水体的污染物总量，其效果要比末端处理要好得多，而且可节省工程投资和后续运行管理费用。

对于合流制区域，要优化截留设施布局，并由末端集中截留向中前端分散截留方式转变，截污管尽量不要沿河道敷设，更不要把截污管埋设在河床下面。对收纳水体比较敏感地区，除设置合流污水截留设施外，可在排水系统的适当位置建设调蓄设施收集初期雨水和合流污水，视具体情况，或对收集的合流污水进行就地处理或送至污水处理厂进行集中处置。调蓄设施的设置可减少合流污水的溢流次数，并减轻对污水处理厂的负荷冲击。

4 小结

黑臭水体治理是一项复杂的系统工程。应根据黑臭水体的成因，并结合当地的排水设施实际情况、水环境质量现状、经济发展水平，通过多方案比选，制定出切实可行的综合治理方案。

在城市建成区形成完善的城市污水管网收集系统是根治黑臭水体的重要保障，结合城市建设和污水管网系统性要求，建设和完善污水管网系统；通过对既有排水设施进行梳理，改造和增补排水系统的重要管段和关键节点，理顺小区排水系统与周围市政排水系统的关系，恢复和提升现有排水系统的功能与作用。同时，要加强施工质量管理，严格审批验收制度，重视对现有排水管网的维护管理。

城市建设对水系的影响及可持续排水系统的应用

摘　要：城市扩张往往对水系产生很大的影响，具体表现在径流条件的改变、水面面积减少、水体污染和防洪排涝风险增大，而传统的城市排水系统不仅不能解决这些问题，反而在一定程度上加剧这种不利局面。针对这种情况，本文推荐一种新的城市排水系统，即可持续城市排水系统（SUDS），该系统具有防洪、雨水利用和减污的特点，并能充分体现城市水系的多功能性。SUDS 的采用将克服传统排水系统的不足，缓解城市建设对水系的不利影响，保证城市的可持续发展。

关键词：城市水系；传统排水系统；可持续城市排水系统（SUDS）

1 水系功能

城市水系的功能很多，除了具有供水、航运、城市排水和调蓄洪水外，还有其他一些重要功能，如城市水系是体现和记载城市历史文化之所在，是多种生物栖息地和空间运动的通道和载体，是人类赖以生存与发展的支撑系统。一个完善的城市水系也具有明显的经济价值，可促进旅游，吸引投资和增加周围地区的土地价值。城市水系还是污染的净化场所，可缓解热岛效应，消除粉尘、吸收二氧化碳、增加氧气含量。特别是随着城市发展从量的扩张向内涵提高过渡，城市居民对更高生活质量的追求，城市水系的生态环境、景观旅游等功能也日益突出。

2 城市建设对水系的影响

城市水系在城市建设中常常得不到应有的尊重和善待。快速的城市扩张给水系和排水系统造成很多不良的影响，如池塘、河道和湿地被填埋，自然水系统被破坏。水系的变化反过来又制约了城市建设的可持续发展。城市建设对水系的影响主要表现在以下几个方面。

2.1 地面硬化，径流条件改变

城市扩张明显改变了原来的地形地貌和下垫面特征，如植被被清除，土壤被压实，地面被不透水的房顶和道路所覆盖，渗透能力明显降低，导致径流系数上升和地面径流增大。研究表明，城市的开发强度或人口密度与地面的渗透能力存在一定的关系。从图 1 中可以看出，人口密度越大，不透水地面所占的比例就越大，城市地面的整体渗透能力就越小。Turner（1998）通过分析城市扩张对径流量的影响发现，当流域面积为 1 平方英里的地区被城市化后，洪峰流量将增加 1.5～6 倍，增加值的大小与土壤条件、排水系统的覆盖程度以及不透水地面所占的比例有关。

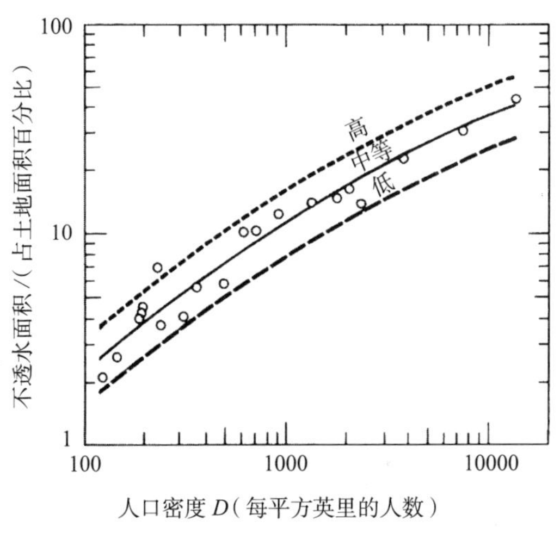

图 1　不渗透路面的比例与城市人口密度的关系（新泽西州）

在上海，随着城市面积的扩大，地面特性和径流系数发生了明显的变化。1947 年，上海城市建成区的面积为 91.6km^2，与此同时，地面径流系数只有 0.29。50 年后，城市建成区面积扩展到 364km^2，地面径流系数也上升到 0.67。表 1 是上海市不同时期的建成区面积及对应的径流系数，说明随着建成区面积的不断扩大，地面径流系数也在不断增加。

上海不同时期建成区面积和对应的径流系数　　表 1

年份	1947	1958	1964	1979	1984	1988	1993	1996
建成区面积（km^2）	91.6	127.4	150.1	169.6	188. 1	215.7	241. 2	364
径流系数	0.29	0.37	0.42	0.47	0.52	0.58	0.65	0.67

2.2 水面面积减少

伴随着城市范围的扩张，往往是水面面积的缩减。一些城市水面面积的减少与城市化水平有着一定的联系。例如，从 1947 年到 1979 年，上海市的城市化水平从 40% 上升到 65.19%，从此以后，上海进入一个快速城市化的发展阶段，到 1996 年，城市化水平已达到 96.12%。作为快速城市化的结果之一是水面和河道长度的减少。和 1947 年河道的长度相比，到 1996 年，河道长度减少了 270km（Chen，2002）。从图 2 可以看出，城市化水平与河道长度两者之间呈反比关系，即城市化水平越高，城市

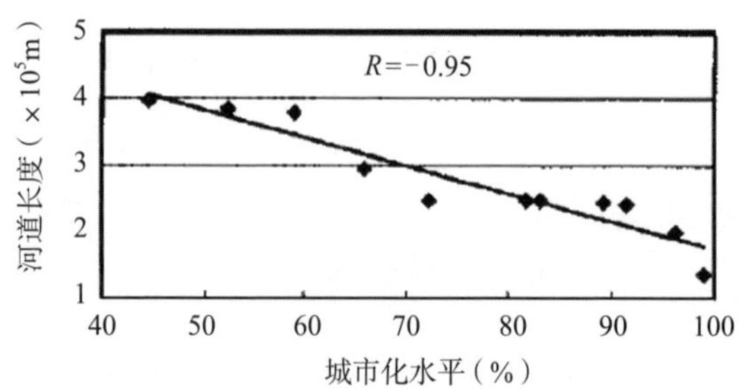

图 2　上海城市化水平与河道长度的关系

内保留的河道长度越短，这种情况在我国其他城市也普遍存在。

2.3 防洪排涝风险增大

在大规模的城市建设和道路修筑过程中，自然水系和地面状况都发生了很大的变化，不透水路面比例的升高，排水管网的建设，明显缩短了径流时间，增大了雨水径流量和洪水的洪峰流量。但由于城市内蓄滞洪水面减少，降低了对洪水的滞洪和泄洪能力，即使在整个城市中花巨资修建排水管网系统，防洪排涝风险仍然增大，不但加大了控制洪水的难度，而且对排水管渠、财产和生命安全造成威胁。尤其是在城市化进程比较快的地区，防洪排涝问题比较突出，图 3 是 20 世纪末南方某些城市由于下垫面变化、水系改动，导致洪峰流量增加、水土流失加剧和洪涝灾害频频发生的情况。

图 3　水系破坏、水土流失与道路积水的关系

照片来源：作者分别摄于肇庆端州区和东莞市区

2.4 水系污染难以解决

从全球来看，目前水污染严重的国家不是出现在高度工业化的国家，也没有出现在发展缓慢的国家，而是出现在快速工业化发展中国家（Boon，1992），如巴西、中国等。在高度工业化国家需几个世纪才出现的水污染问题，在一些发展中国家，时间被压缩到几个年代（图 4）。目前污水的治理大多是通过污水处理厂进行集中处理，而不是从源头加以控制。由于污水收集与处理工程投资大、工

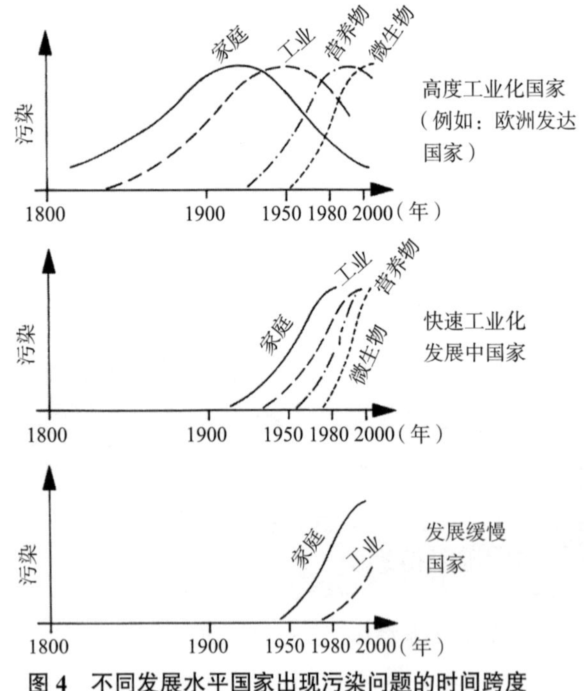

图 4　不同发展水平国家出现污染问题的时间跨度

期长，城市污水很难在短期内得到全部处理，而且城市地面的污染物通过排水渠道进入水系和地下水，也影响到地下水和地面水的水质。目前，很多城市河道已变成了开敞式的“下水道”，水环境严重恶化。

根据以上分析，城市建设已对水系及其功能造成负面影响。主要表现在水系面积减少、自然水系破坏、水体污染、防洪风险加大以及排水工程投资增加，水系的这些变化反过来又制约着城市的健康发展。

3 传统城市排水系统的不足

3.1 水系功能多样性考虑不够

传统城市排水系统过于注重城市水系的排水功能，而忽视了水系的其他功能。所采取的主要措施往往是在整个城市内修建排水管网系统，设置排水泵站，把雨（洪）水尽快排出城外或排入下游水系，即主要依靠工程措施来解决城市的防洪排涝问题。但该排水方式会导致排水系统特别是流域下游洪峰流量增加，下游发生洪水频率上升，增加整个城市排水系统的规模和造价。

3.2 雨水资源未得到利用

传统的城市排水系统是强调把雨（洪）水尽快排到城市外，很少考虑把珍贵的雨水资源滞留在城市内并加以利用，即使在我国严重缺水的城市，绝大部分的雨水也是白白流掉，造成水资源的浪费。

3.3 水系生态系统遭到破坏

传统的排水方式不利于水系生态系统的保护。以河道整治为例，很多城市经常把一些河道填埋，或把明沟变为暗渠；而在一些经济条件较好的城市又开始花巨资新建或整治河道，而且把治理的对象仅仅瞄准河道本身。采用的治理方式往往是工程措施，如对河道裁弯取直、对两岸和河底进行水泥护衬，改造后的河道虽然比以前美观，但水系失去了其亲水性，疏远了人与水之间的联系；并且导致水系与周边生态环境的分割和水生物生存空间的破坏，大量物种无法生存，自然环境不再可持续。根据相关研究，城市内水渠衬砌后，岸边的生物种类将减少 70% 以上，而水生物也只相当于原来的一半。

河道整治还使水体自净能力减弱，其结果不仅没有彻底治理水体污染和改善河道的生态环境，反而可能使环境进一步恶化。实践证明，弯曲自然的河流有较强的自净能力，能为各种生物创造适宜的生存环境，有利于生物多样性的保护，也有利于消减洪涝灾害。

4 可持续城市排水系统（SUDS）

4.1 城市排水系统的演变

传统的城市排水系统面对城市日趋严重的水涝灾害、地面沉降、水污染、水资源短缺等生态环境问题，越来越显露出其存在的诸多弊端。为此，各国相继开发了新的排水系统，特别是新的雨水排放系统。可持续城市排水系统（Sustainable Urban Drainage Systems，以下简称 SUDS）开始于 20 世纪 70 年代，当时该系统重点放在对雨（洪）水的调节、保存和地下水回灌等方面。到 20 世纪 80 年代和 20 世纪 90 年代，SUDS 的重点由对雨（洪）水的管理转向对自然水环境和生态系统的保护，通过源头控制减少径流量，并通过建造自然处理系统，如水塘、湿地等设施对水体进行净化。该方法在西方一些国家达到推广实施。

4.2 SUDS 的特点

（1）本地化，源头化处理。和传统排水方式相比，SUDS 是在接近降雨的地方处置径流，通过增大地面渗透能力回补地下水或设置水面进行调洪、滞洪，延缓汇流时间，减少暴雨径流量，降低洪水发生的频率，进而减少下游城市排水管网的管径和泵站的规模，节省建设投资。

（2）通过降低城市地面硬化率，维持地面的渗透能力，增加对含水层的补给，防止地面沉降。

（3）重视对雨（洪）水的收集利用。截取的雨（洪）水或用于小区绿化景观，或用于回补地下水等，达到预防水资源退化，缓解城市缺水压力的目的，这对我国缺水城市雨水的综合利用有着很重要的意义。

（4）从源头控制污染。源头控制可减少污水排放量，避免或减少水体污染，同时可降低污水收集系统和处理系统的规模。如地表径流水通过水塘、湿地处理后使水质得到净化，减少了水污染，而且还可以加以利用。

（5）SUDS 能减少城市建设对区域汇水特性的人工影响，扩展某些地区特别是城市建成区即将饱和的排水系统，使该地区进行的新开发建设不会对原有的排水系统造成不利影响。

（6）SUDS 可保证城市水系自然的水文循环体系，保持动植物的自然生境和生存需要，在确保防洪安全的基础上，创造出具有丰富自然的水边环境，充分体现水系的宜人性。图 5 是传统排水方式和 SUDS 对河道的处理模式。

简而言之，SUDS 具有防洪、雨水回用及减污的功能，能充分体现水系的多功能性。该系统是从可持续发展的角度来处理雨水的水质水量，并体现城市水系的宜人性。SUDS 在城市规划中的应用将有利于可持续发展的理念在城市建设中得以具体体现。

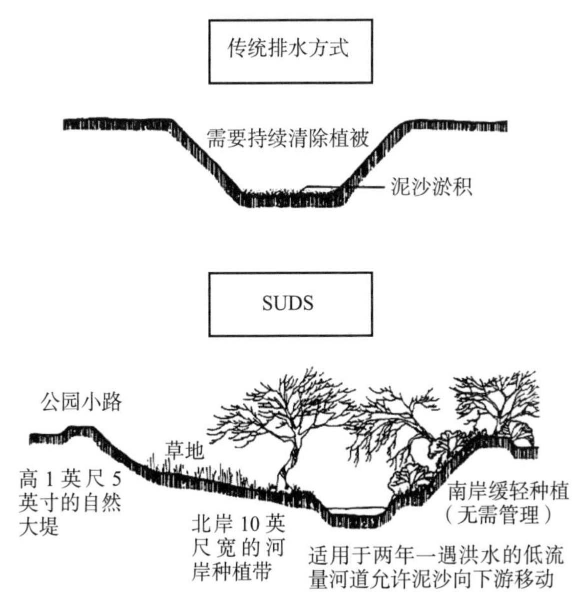

图 5　不同排水系统下的河道处理方式

5 SUDS 的应用

5.1 影响因素

（1）法律法规的制约。现行的规划法和城市用地分类标准对水系的保护和规划建设还没有提出具体的要求，不利于城市水系的保护。如在《城市用地分类与规划建设用地标准》GBJ 137—1990 中，只对绿化等九大类用地提出了具体的指标和标准，而水系用地则被排除在城市用地标准之外，没有对其规划用地提出具体的要求，加上人们对水系的功能和重要性认识不足，事实上，城市水系常常成为城市用地调整的牺牲品，其用地不断被其他城市用地所蚕食。

（2）缺乏 SUDS 相应的规划、设计标准和示范工程。

（3）管理体制。SUDS 的实施需要不同涉水部门的参与，由于各部门管理职能分散，责任不清，相互之间职能交叉，难以统筹考虑 SUDS 的多功能性，不利于 SUDS 的推广使用。

（4）不同投资主体的影响。和传统的排水系统不同，SUDS 是从源头开始来控制和利用雨水，该系统的实施会涉及很多部门，投资主体也不同，既与政府投资有关，也与开发商和个人的参与有很大的关系。投资主体的多样性和不明确性，也影响到 SUDS 的顺利实施。

5.2 SUDS 在城市规划中的应用

（1）重视对雨水的收集利用，截取的雨水或用于小区绿化景观，或用于回补地下水等，从而缓解城市的缺水状况。如在小区选择合适的位置修建雨水收集池塘就地消化利用周围的雨水，回补地下水。

（2）保持城市地面的可渗透性，充分利用雨水资源，并减少降雨径流量。图 6 是作者在 2003 年拍摄的英国卡迪夫市城区人行道和树池透水铺装情况，SUDS 的理念已经融入城市建设的各个方面。

图 6　透水性路面与雨水利用

（3）规划应体现水系的多样性和自然性。在城市规划中不仅要珍惜每一寸土地，同时也要珍惜每一寸水面，即使是当时看起来没有什么价值的水塘、小溪、滩涂、盐田等，也要给予足够的重视。一旦被改为城市建设用地，其生态特性必定受到影响，而且生态恢复的成本非常高，周期非常长。

（4）保留十分充裕的城市水面，使其形成一个完整的系统。不要轻易覆盖和分割城市水系，不要随意改变其走向和断面形式。

（5）建立水系和绿化网络。水体和绿化的网络化，不仅可提高城市的环境舒适程度，而且会使生物物种变得丰富和稳定。

（6）鼓励多学科的参与和配合，特别是城市规划与排水工程规划的结合。

市政工程专项规划编制几点问题的探讨

摘　要：对不同层次城市规划中的市政专业规划，以及行业专项规划的特点和局限性进行了分析，探讨了市政工程专项规划出现的背景和规划的重要性、特殊性以及与其他市政工程规划的关系，并就市政工程专项规划的编制提出了一些建议。

关键词：城市规划；市政专业规划；行业专项规划；市政工程专项规划

1 背景

随着社会各界对城市规划重要性认识的提高，很多城市都把编制城市规划放在首要位置，以期对城市的发展起到很好的规划指导作用。实践证明不同层次的城市规划，如总体（分区）规划和详细规划，对城市性质的定位、产业布局、用地规划等确实起到了应有的指导作用。但不同规划层次中配套的市政专业规划以及专业部门编制的行业专项规划，因受规划深度和外部规划条件等因素的限制，在指导下一步工程规划、设计和建设方面还存在一定的局限性，并导致在市政工程建设过程中出现很多问题，如工程系统性差，各工程专项规划缺乏协调，工程管线布局混乱，道路空间资源没有得到合理利用等，这些问题的出现反过来又影响到城市规划建设目标的进一步落实。

为弥补上述市政工程规划的不足，近年来，在一些地区特别是在广东、福建、浙江等城市建设比较快速的地区，出现了一种新的市政工程规划类型即市政工程专项规划。市政工程专项规划的出现有利于补充和完善市政工程规划设计序列，更好地指导市政工程的规划设计与建设。

2 现有市政工程规划的特点与不足

根据《中华人民共和国城乡规划法》和《城市规划编制办法》，在城市总体（分区）规划和详细规划中必须包含有专业工程规划的内容；另外一些专业部门有时也会结合实际需求编制本行业的专项规划，但这些工程规划都有其特点和局限性。

2.1 总体规划或分区规划中的专业工程规划

此类市政工程规划的主要内容是结合城市规划目标，对工程资源（如水、电、气、热等）进行科学论证和供需平衡分析，提出工程资源可持续保障的战略和对策；结合城市规模和用地规划，预测工程负荷，落实重大市政设施用地和空间布局，并从系统的角度布置主要工程管线。

受规划深度要求、基础资料等因素的制约，该层次的工程规划难以对市政设施进行准确定位，无法计算工程管线的管径特别是排水管的管径，也难以在平面上和竖向上确定各种工程管线的位置，加上对现状市政设施和工程管线缺乏深入的了解，规划的工程管线与现状工程管线往往不能很好衔接。即该层次的工程规划可操作性比较差，不能对下一步市政工程的规划设计与建设进行具体的指导。

2.2 详细规划中的专业工程规划

由于详细规划具备了详尽的地形图和具体的规划用地条件，给市政设施和工程管线的空间布置奠定了很好的基础。工程规划能相对准确地预测工程设施规模和工程管线断面尺寸，并能对市政设施和各种工程管线进行定位。该层次的工程规划可操作性较强，对城市局部地区的市政工程建设具有较好的指导作用。

受规划范围较小等因素的制约，详细规划中的专业工程规划系统性较差，无法对整个城市或较大区域内的市政基础设施、工程管线进行统筹安排。由于难以全面掌握规划区外市政工程设施的现状和规划情况，在与区外市政设施协调和工程管线衔接时就很容易出现问题，特别是在排水工程方面问题比较多，如大管接小管、管道绕弯路、管线竖向衔接出现矛盾等。

2.3 专业部门编制的行业规划

由于专业部门编制的行业规划其规划年限或规划范围常常与城市规划不吻合，加上市政设施位置和工程管线走向与城市规划用地和路网布局衔接不够，在很大程度上影响到行业规划的可实施性。另外，部门行业规划因着重于本行业的发展，缺乏与上位规划和其他行业规划的协调，而且行业规划预测的工程负荷、设施规模以及占地面积常常偏大，不利于资源的高效利用和规划的实施。

3 市政工程专项规划的必要性与特殊性

3.1 必要性

由于没有系统的工程规划作指导，不能对市政设施和工程管线的建设进行统筹安排，导致很多城市已建的工程管线和工程设施无法发挥应有的作用。特别是在工程管线方面，问题更为突出，工程管线建设经常被动地跟着道路走，道路修到哪里，管道就铺到哪里，很少考虑周边的用地性质，造成工程管线系统性差。加上各专业部门施工顺序不协调，工程管线建设各自为政，管线敷设见缝插针，拉链式重复建设和超前浪费道路资源等现象很普遍，既不利于将来工程管线的改造和其他管线的敷设，也明显增加了工程管线的施工成本和维护管理费用。

受可操作性、系统性或实施性较差的制约，传统的工程规划都难以对城市的市政工程规划与建设进行全面和系统的指导，难以对上述问题提出有效的应对措施。而市政工程专项规划由于融合了上述工程规划的优点，使规划具有很强的系统性和可操作性，可以避免或减少市政建设过程中出现的各种问题，保障城市建设有序和健康发展，因此，编制市政工程专项规划是十分必要的。

市政工程专项规划有利于道路空间资源的有效利用。随着城市现代化水平的提高，城市管线的数量不断增加，地下管线的种类也由原来的几种增加到现在的 10 种左右，而且今后还可能继续增多，特别是电信管线增加很快。很多城市为实现污水资源化，需要增设再生水回用管道系统。在条件比较好的小区，还敷设有优质饮用水供水系统，而以前架空的电力线、电话线也会随着城市的改造逐步落到地下。众多管道的敷设使城市地下空间日趋紧张，纵横交错的地下管线给城市改建、扩建和新建工作带来很大不便。如果不对各种管线的规划建设进行统一考虑，不给未来的工程管线预留足够的地下空间（管位），不协调好道路和工程管线建设的顺序，将造成工程管线布置混乱、道路功能无法正常使用、工程管线管理难度增加等一系列问题。

例如，南方的一个城市，自来水公司投资 3000 多万元在城区与周边各镇间一条公路的路肩下敷设了管径为 *DN*400mm 的供水管，但不到半年时间，由于城市规划范围的调整，原来的公路变成城市道路，原路肩下敷设的供水管则处于城市道路的快车道下，按相关要求，供水管需安排在人行道下，为此自来水公司花巨资搬迁供水管，但因缺乏工程管线综合规划的指导，搬迁中的供水管管位发现与建成的电力电缆沟同位，故供水管需再次挪位，两次搬迁造成非常大的损失。而通过编制市政工程专项规划，有利于清楚地了解市政工程现状，结合城市规划布置市政设施，梳理各种管线之间的关系，合理安排地上、地下管线的位置，优化道路空间资源，统一安排建设次序，避免工程管线之间及其与相关建筑物之间的矛盾和干扰。目前，不少城市已认识到市政工程专项规划的重要性，并着手开展这方面的工作，通过编制这类规划，建立地下管线的地形图档案，可有效避免上述问题的出现。

3.2 特殊性

市政工程专项规划能充分考虑地形地貌和现状市政工程实际情况，对城市建设有很好的指导作用。市政工程专项规划除了能科学指导各专项工程本身的发展外，还能很好地协调各工程之间的相互关系，处理好现状与规划、近期与远期的建设次序，并制定出实施近远期规划目标的工程措施，避免市政工程设施建设的过度超前或滞后，提高投资效率。同时，可把总体（分区）规划中的规划指标具体化，甚至定量化，为下一步市政工程规划设计及建设管理提供系统、全面的定量依据。

市政工程专项规划是一种综合性很强的工程规划，规划内容基本上涉及所有的市政工程。除道路工程外，还包括供水工程、污水工程、雨水工程、防洪排涝工程、电力工程、电信工程、燃气工程、供热工程等。而市政工程专项规划的编制并不是把各种市政设施和工程管线在空间上进行简单的排列组合，而是在城市总体规划或分区规划的指导下，首先编制各个工程的专项规划，确定工程设施的负荷、规模和用地面积，计算出各种工程管线的断面尺寸，在此基础上，结合规划用地布局，统筹安排各种市政设施。在道路平面和竖向上合理布置各种工程管线，协调好各种工程管线之间的关系，并为今后发展预留必要的空间。图 1 是对某城市道路交叉口市政工程管线进行综合布置的情况，通过合理安排各种管线在平面和竖向上的位置，既能避免工程管线之间可能出现的矛盾，也使道路空间资源得到优化利用。

4 编制市政工程专项规划应注意的几个问题

通过对笔者负责或主要参与的“肇庆市端州城区管线综合规划”“汕头市龙湖东区排水改造规划”“深圳市宝安

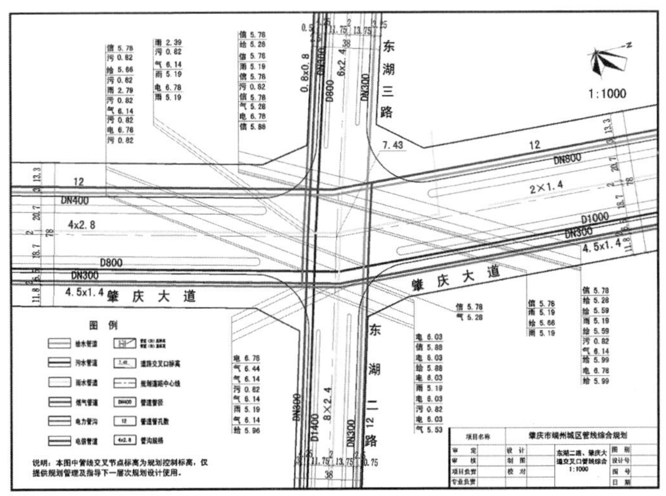

图 1　道路交叉口市政工程管线综合布置图

区龙华 - 观澜市政工程详细规划”和“广州保税区工业城市政工程规划”等项目的总结，在编制市政工程专项规划过程中建议关注以下事项。

（1）重视对现状的调查了解。在市政工程专项规划中，对现状的了解非常重要，现状情况是否已调查清楚，直接决定了市政工程规划的合理性与可操作性。因此，应重视对现场踏勘和现状资料的收集，通过不同途径了解市政工程的现状，并绘制出准确和完整的各类工程现状图，在此基础上分析现状存在的问题及原因，并在对现状工程管线认真评估的基础上，确定哪些管线可以利用，哪些可以废除。对取消的管线，应提出相应的过渡措施，避免现状与规划脱节影响工程管线的正常运行。

（2）处理好与城市总体（分区）规划的关系。市政工程专项规划以城市总体（分区）规划所提供的社会经济发展目标和用地布局规划为基础和前提，工程负荷的预测、工程管线的计算要充分考虑城市的用地布局与用地性质，同时也要处理好与城市规划中专业规划的关系，专业规划为市政工程专项规划编制提供基础和导引，而市政工程专项规划则对城市规划中的专业规划进行深化和完善。

（3）道路工程规划是工程专项规划的基础，城市道路是各种市政工程管线的载体。道路工程规划的切合实际和科学合理，直接决定了工程规划的合理性，决定了工程管线的准确定位和空间布局的完善。在确定城市道路标高和坡度时，除满足道路的有关规定外，还应充分考虑城市排水、防洪排涝的要求，并尽量减少土方量。

（4）工程专项规划的编制应因地制宜、量力而行。若暂时还不具备对所有市政工程进行综合规划的条件，可根据城市迫切需要解决的问题和工程规划的需求，选择其中的一项或几项加以编制，如单独编制城市排水工程专项规划、城市给水工程专项规划、城市供电工程专项规划等。一般情况下，建议应优先编制道路及排水工程专项规划，因为排水管线为重力流，对道路和场地竖向要求较高，而且排水管线所占道路空间资源相对比较多，又布置在其他管线的下方，对其他管线的空间布置有很大影响，因此，道路和排水系统规划应优先提到议事日程上去。很多城市就因为缺乏完善的排水系统，排水管道建设与道路系统衔接不够，造成污水没有出路，排水不畅，道路积水现象时有发生。

（5）随着邮电实行邮政、电信分营，电信行业引入市场竞争机制等因素，目前经营通信的部门越来越多，竞争日趋激烈。如在肇庆市，当时经营通信业务的就有九家公司，虽然上述公司经营的业务有所侧重，但在管线的敷设方面却有许多共同的地方，如光纤环路、路由等基本相似或相同。如果不同公司各建各的通信管道，不仅影响到其他专业工程管线的敷设，而且必然造成重复建设、资源浪费，也给城市建设和管理带来很大的困难。针对电信管线迅速增加的情况，设置电信共同管沟是解决电信管网布局困难的最佳途径，即通过工程管网的优化、路由选择，把所有的电信管道布置在同一个电信管沟内，这样既可以避免重复建设，使地下空间资源达到优化利用，也有利于电信管网的管理与维护。

对暴雨强度公式修编的思考

摘　要：为更好地适应城市的降雨特征，科学指导雨水管网工程和排水设施的规划建设，各地城市纷纷开展暴雨强度公式的编制或修订工作。降雨资料的日趋丰富完整以及计算方法的不断进步，也为暴雨强度公式的推求提供了很好的条件。由于新修编暴雨公式的选样方法和一些设计参数的选取与现有公式不同，在编制公式过程中，应重视对新旧公式差异性的分析评估，寻求不同公式对应设计标准之间的互换关系，加强对新修编暴雨公式的技术论证和工程验证，实现规划新建雨水工程与既有雨水工程的有效衔接，保障雨水工程的完整性和系统性。

关键词：暴雨强度公式；年最大值法；年多个样法；折减系数

1 前言

长期以来，暴雨强度公式是指导我国城市雨水管网工程规划设计的重要依据。随着城市下垫面和气象因素的变化、降雨数据的不断积累以及计算方法的更新，对原有暴雨强度公式进行修编的呼声越来越高。2014 年 4 月，住房和城乡建设部、中国气象局联合颁布了《城市暴雨强度公式编制和设计暴雨雨型确定技术导则》，要求各城市对暴雨强度公式进行编制或修订，并提出了相应的计算方法和技术要求，由此在全国范围掀起了城市暴雨强度公式修编的热潮。

在暴雨强度公式修编过程中也暴露出一些问题，如没有对比分析新旧公式的相似性和差异性，没有对不同选样方法对应重现期之间的互换关系进行探讨，新修编的暴雨强度公式缺乏多工况的实证研究等，导致按新公式建设的雨水工程在建设标准方面不能与既有雨水工程进行很好的衔接，进而影响到雨水工程建设的连续性，也影响到新编公式的合理性和权威性。为使新编公式更好地反映当前城市的降雨特征，科学指导雨水工程的建设，根据公式修编过程中出现的有关问题，及时制定出相应的改进措施。

2 公式修编的缘由

2.1 应对城市降雨特征的变化

我国很多城市的原有暴雨强度公式一般是在 20 世纪 70 年代至 20 世纪 80 年代编制的。随着城市建成区范围的不断扩张和城市社会经济活动强度的不断增加，城市中气候要素相应发生了改变，引起城市降雨量和降雨时空特征的变化，原来的暴雨公式已不能很好反映城市当前的暴雨特征和降雨规律。加上受当时降雨资料不足等因素的制约，还有很多城市没有自己的暴雨公式，而是借用邻近城市的公式，不利于科学指导当地城市雨水工程的建设。为适应气候趋势性变化，客观表达城市的实际降雨情况和变化规律，更好地满足本地城市雨水设计工作的实际需要，合理指导当地雨水工程的规划建设，开展城市暴雨强度公式的编制或适时修订是必要的。

2.2 降雨资料更新的要求

20 世纪六七十年代，气象、水文台站数量不足，城市雨量资料严重缺乏，难以对城市降雨空间特征进行深入的分析研究，加上计算手段相对落后，在此基础上整理、分析和推导出的暴雨强度公式计算精度比较差，难以准确指导城市雨水工程的建设。若继续沿用原有公式，可能出现暴雨强度估算过大，导致排水工程建设规模增加，造成不必要的浪费；或者出现暴雨强度估算过小，排水工程达不到应有的设计标准，影响城市雨水工程的可靠性和安全性。

近些年来，城市观象台站数量不断增多且布局趋于均衡，城市气象、水文资料积累年份持续增加，提高了统计资料的代表性。同时，随着计算方法的不断进步，数学模型和相关软件的广泛使用，使推求暴雨强度公式更加快速便捷，而且在精度上也有很大的提高，这些因素都为暴雨强度公式的推求和修订提供了很好的条件。

2.3 满足选样方法变化的要求

暴雨强度公式编制常用的选样方法主要有年最大值法和年多个样法。年最大值法是按照不同的降雨历时，在全部统计资料中每年各选一个最大值作为分析样本；其优点是选样简单，独立性强；不足之处是所需暴雨资料年份较长，而且样本系列会遗漏年内较大的雨样。年多个样法是在全部统计资料中，每年每个降雨历时选择 6～8 个最大值，然后将每个历时的降雨样本按大小次序排列，再从中选择资料年数的 3～4 倍的最大值作为分析样本；年多个样法优点是所需暴雨资料年份较短，不会遗漏较大雨样，可获得重现期小于 1 年的暴雨；缺点是资料不易取得，统计工作量较大。

我国城市原来使用的暴雨强度公式大多是采用年多个样法推导出来的，而国外很多城市由于雨量资料年限较长且城市排水设计对重现期取值较高，城市暴雨强度公式的推求多采取年最大值法。随着雨量资料的不断积累，我国很多城市的降雨资料年份都超过 20 年，这为采用年最大值法推导暴雨强度公式提供了数据保障，采用年最大值法推导的暴雨强度公式便于与国外城市雨水工程设计标准进行对比。

3 公式修编存在的主要问题

3.1 对新旧暴雨强度公式的差异性分析不足

新旧版暴雨强度公式的差异性主要体现在两个方面，一是选样方法不同所造成新旧公式计算设计雨强的差异性；二是折减系数调整造成新旧版暴雨强度公式计算结果的差异性。

随着极端天气次数的增加以及城市化进程的快速推进，很多人认为，旧公式已不适应城市的暴雨特征，其计算的雨量要小于城市的实际降雨量，但却忽略了另一种可能性，就是这些因素的变化也会导致城市降雨雨强的减少，这种情况在一些城市公式推求过程中也得到验证，即采用相同选样方法（年多个样法）、按最新降雨资料推求的暴雨强度公式得出的雨强要小于旧公式的计算值。

相同设计重现期下，不同选样方法推导的暴雨强度公式所对应的降雨强度存在差异。在较低设计重现期和降雨历时较短时，年最大值法得出的暴雨强度一般要小于年多个样法的计算值。根据相关设计规范要求，新修编的暴雨强度公式采用年最大值法，而城市已建成的雨水工程则是按照年多个样法推导的暴雨公式进行设计的。在暴雨强度公式修编过程中，人们把重点放在如何按照相关技术导则要求、利用最新的降雨资料和技术手段来推导暴雨强度公式方面，很少考虑新旧公式选样方法不同导致的设计雨强不一致的问题，也很少分析研究不同选样方法暴雨强度公式之间的差异性和相关性。

折减系数（m）调整对暴雨公式降雨强度的计算影响也比较大。在《室外排水设计规范》GB 50014—2006 及以前版本中，折减系数的取值要求是：暗管折减系数取 2，明渠取 1.2，陡坡地区暗管取 1.2～2。在 2011 版《室外排水设计规范》GB 50014—2006 中，则提出“经济条件较好，安全性要求较高地区的排水管渠的折减系数可取 1”。在此之后，新修编的暴雨强度公式都全部把折减系数调整为 1。折减系数的递减等于变相提高了暴雨强度公式设计雨强的计算值，但增加的幅度到底有多大以及对雨水管渠排水能力有何影响则不得而知。

3.2 缺乏影响分析和工程验证

很多城市修编的暴雨强度公式缺乏必要的技术论证和多工况的工程验证，也没有考虑新修编的公式如何与原有公式和现有雨水工程进行衔接，就直接拿来指导雨水工程的规划建设，有可能导致新建与已建雨水工程设计标准不统一，从而影响到雨水管网系统的整体排水能力。

以编制城市排（雨）水工程规划为例，通常的做法是，首先按照相关要求修订该城市的暴雨强度公式，接着用新修订的暴雨强度公式和软件对现状排水管网的排水能力进行评估，然后根据评估结果制定出现有雨水工程的规划改造方案，这种貌似非常科学合理的规划编制方式方法却让人感到担忧和困惑。以某个城市排水工程规划为例，通过使用修订后的暴雨强度公式（取消了折减系数）和模型对城市现状管网排水能力进行评估。评估的结果是，排水能力小于 1 年一遇排水管网的长度占总管网长度的比例超过 60%，小于 2 年一遇的管网超过 70%。如果根据评价结果对不达标的现状排水管道进行提标改造，增加的工程量和投资是十分巨大的，而且会对城市的日常生活特别是交通出行造成严重的影响。至于为什么会出现这样的评估结果、推导的暴雨公式是否科学合理以及如何与既有排水工程进行衔接，却很少有人去进行深入的研究。

4 几点建议

4.1 资料和推算方法应科学合理

暴雨强度公式的精度取决于当地雨量资料的可靠性以及选样方法的合理性，应对所采用的降雨资料进行完整性、合理性和一致性检验，确保所用资料真实可靠。由于暴雨强度公式参数的计算结果易受计算者主观因素的影响，需要对不同方法进行试算和相互验证，对各种方法测算的结果与原有公式和实际工程计算结果进行比选和校核，以得出切实可行的公式参数和公式的适用范围。在选取暴雨强度公式频率分布线型时，需要综合考虑城市的降雨特征，暴雨雨样的选择方法和雨样样本的总体分布规律等因素，通过各种线型对所选城市的暴雨样本进行拟合比较，筛选出符合当地实际情况的频率分布线型，最终确定出城市暴雨强度公式的型式和参数。

4.2 加强新旧公式差异性和相关性对比分析

重视对新旧公式特别是不同选样方法暴雨强度公式差异性的对比分析，以保持雨水工程建设标准的连续性。我国城市原来的暴雨强度公式选样方法为年多个样法，若采用年最大值法选样时需做重现期的修正，避免造成理解上的偏差和使用上的混乱。同时要分析研究折减系数调整对暴雨强度公式计算雨强的影响，只有这样才能保持现状雨水工程与规划新建雨水工程建设标准的连续性，确保雨水工程的安全性、完整性和系统性。

图 1 分别是北方某个城市旧版暴雨强度公式和两个新版暴雨强度公式降雨强度随雨水汇流时间的变化情况。由图可知，在整个降雨历时过程中，三个公式计算得出的降雨强度都不相同。其中按旧版公式（年多个样法）计算得出的降雨强度值比新版公式（最大值法）大 32%～56%。对于按不同选样方法推导的新版公式，暴雨强度计算值差距更大，按多个样法公式计算得出的降雨强度值要比最大值法公式大 50%～63%。由此可见，对于同一个排水系

统，在同样设计条件下，选取的暴雨强度公式不同，计算得出的降雨强度也不同，选取的雨水管管径和对应的排水能力也存在一定的差异。为保障规划新建与既有雨水管网系统排放能力的合理衔接，有必要对不同版本暴雨强度公式的差异性和相关性进行分析研究。

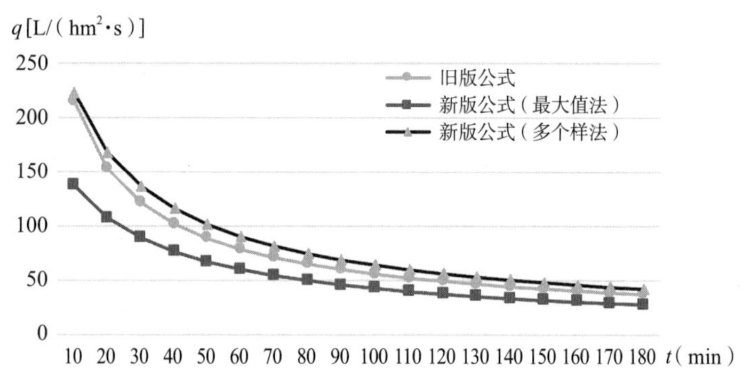

图 1　不同公式降雨强度随降雨历时的变化对比情况（P=1a）

4.3 注重工程验证和实施效果评估

为更好地指导当地城市雨水工程的建设，新修订的暴雨强度公式在正式颁布之前，要广泛征求规划设计单位、气象、水利和规划建设管理等部门的意见，需要经过必要的技术论证。另外新公式最好要有一段试用期，在此期间，从安全性、经济性的角度，综合评价新公式对城市雨水工程规划建设的影响，并根据意见反馈和实际工程实施效果，对暴雨强度公式进行进一步的优化完善。

5 小结

由于新修编的暴雨强度公式选用降雨资料年限不同，选样方法不同，重现期选取范围不同，使得按新版暴雨强度公式计算的设计雨量与原有公式存在很大的不同，另外一些关键参数的调整也导致新旧版公式计算设计雨强出现明显的差异。为衔接好规划新建与既有雨水工程的关系，保持雨水工程的连续性和系统性，应加强对新修编暴雨强度公式的技术论证和工程验证，分析研究新旧版公式的差异性和相关性以及对系统排水能力的影响，使新修编的暴雨强度公式能很好地指导城市雨水工程的规划建设。

暴雨强度公式法适用范围的界定

摘　要：暴雨强度公式法属于推理公式法的一种，主要用于指导小汇水范围、短历时降雨、低设计重现期下雨水管道的设计，即暴雨强度公式法具有一定的适用范围。超范围超限使用该方法会使雨水管网系统面临不同程度的排水安全风险，因此，有必要对其适用范围进行界定。本文通过分析研究该方法中降雨强度的变化特征，以及不同工况下汇水面积和汇流时间这两个指标对雨水管网降雨强度的影响，建议用“汇流时间”指标来代替“汇水面积”作为界定暴雨强度公式法适用范围的控制指标，并提出了保障系统整体排水能力的对策与建议。

关键词：适用范围；汇流时间；汇水面积；设计标准；排水能力

1 前言

自 20 世纪 70 年代以来，我国一直采用暴雨强度公式法来指导雨水工程的规划设计，虽然近些年来很多城市结合新的气象降雨样本数据对原来的暴雨强度公式进行了修订，但公式的基本特征和计算原理仍保持一样。由于没有其他更适宜的设计方法可以选用，使得暴雨强度公式法的应用范围非常宽泛，几乎没有任何限定条件。直到最近才有相关规范从汇水面积的角度提出了方法的使用上限，至于为什么选取该使用上限，以及超出该限值后会对雨水管网系统排水能力产生什么影响，相关规范均没有给出明确的说明。为避免暴雨强度公式法不合理应用对排水系统可能造成的不利影响，有必要研究该设计方法的合理适用范围和控制指标，并制定出相应的管控措施。

2 暴雨强度公式法适用范围的界定

2.1 国外对推理公式适用范围的界定

对于汇水范围较小的排水系统，国外一些城市也采用恒定均匀流推理公式法。式 1 是美国科罗拉多州采用的推理公式，与我国的暴雨强度公式非常相似：

$$I=\frac{28.5P1}{(10+T_{\mathrm{d}})^{0.786}} \tag{1}$$

式中：I——降雨强度（mm/min）；

$P1$——1 小时降雨深度（mm）；

T_{d}——汇流时间（min）。

在科罗拉多州编制的城市雨水排放标准手册中，对恒定均匀流推理公式法的适用范围有明确规定，该方法仅适用于汇水面积不大于 $40hm^2$ 的排水系统。

国外一些城市对推理公式法的适用范围同时设定有两个限制指标，除汇水面积限定外，还有汇流时间的限制。如欧盟国家规定，当排水系统汇水面积不大于 $2km^2$ 或汇流时间不大于 15min 时，可采用推理公式法。

2.2 我国对推理公式适用范围的界定

暴雨强度公式法属于推理公式法的一种，主要用于指导小汇水范围、短历时降雨、低设计重现期下雨水管道的设计。长期以来，我国对暴雨强度公式法的使用范围一直没有明确规定，加上没有其他更适宜的雨量计算方法可以选用，导致该方法使用范围非常宽泛，汇水面积从几公顷到上千公顷，汇流时间从十几分钟到数个小时，都在使用该设计方法。

直到最近才有相关规范在借鉴国外经验的基础上，对暴雨强度公式法的使用范围做出限定。2014 年版《室外排水设计规范》GB 50014—2006 提出，“当汇水面积超过 $2km^2$ 的地区，雨水设计流量宜采用数学模型进行计算，避免用于较大规模排水系统的计算时会产生较大误差”。至于为什么选取 $2km^2$ 作为暴雨强度公式法使用上限以及超出该限值后会对雨水管网排水能力产生什么影响，规范均没有给出进一步的说明。另外规范在建议雨量方法适用范围时，仅考虑了汇水面积这一因子，而忽视了降雨历时这一关键因素。

3 影响降雨强度的主要因素

3.1 暴雨强度公式法特征分析

暴雨强度公式法假定降雨强度在汇流时间内均匀不变，即降雨为等强度过程，并认为汇水面积随汇流时间增长的速度为常数。但具体到某个城市，当公式相关参数和设计重现期（P）确定后，排水系统内不同雨水管或同一条雨水管中的不同管段对应的降雨强度（q）值并不相等，而是与雨水汇流时间（t）呈反比关系，即雨水管道对应的降雨强度值随雨水汇流时间的增加而减小。式 2 是北京市 1980 年版暴雨强度公式：

$$q=\frac{2001(1+0.811\lg P)}{(t+8)^{0.711}} \quad (2)$$

式中：q——设计暴雨强度 [L/（$hm^2 \cdot s$）]；

P——设计重现期（a）；

t——汇流时间（min）。

$$t=t_1+mt_2 \quad (3)$$

由雨水汇流时间推求方法得知（式 3），汇流时间与地面集水时间（t_1）、管内流行时间（t_2）以及折减系数（m）存在定量关系。当地面集水时间和折减系数确定后，雨水汇流时间大小则取决于管内流行时间的长短，而管内流行时间又与管内雨水流速和管道长度直接相关，与汇水面积间接相关。由此可见，在同一个排水系统内，当设计标准确定后，同一条雨水管不同管段对应的降雨强度不是固定不变的，是随其汇水面积的变化而改变，两者呈反比关系。

3.2 排水系统形状的影响

下面以北京市 1980 年版暴雨强度公式为例，结合具体案例排水系统，重点分析不同工况下汇水面积变化对降雨强度的影响。

图 1 是其他设计参数不变，排水系统形状即宽度变化对降雨强度随汇水面积变化的影响情况。由图可以看出，

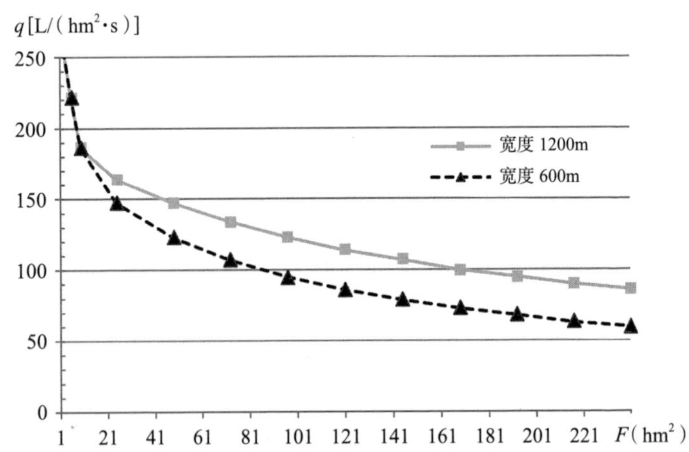

图 1　排水系统宽度对降雨强度随汇水面积变化的影响（P=1a，m=2）

注：管内平均流速取 1.2m/s

在不同宽度的排水系统中，雨水管的降雨强度都是随汇水面积的增加而降低，但下降速率有所差异，其中宽度为600m 的排水系统降雨强度随汇水面积下降的速率要大于宽度为 1200m 的排水系统，即排水系统越狭长，降雨强度随汇水面积下降的速率越快。

3.3 折减系数的影响

折减系数调整对降雨强度随汇水面积变化的影响也比较大。在按多个样法推导的旧版暴雨强度公式中，暗管折减系数取 2，明渠取 1.2；在按年最大值法推导的新版暴雨强度公式中，则取消了折减系数（折减系数取 1）。图 2 是折减系数取值变化对降雨强度随汇水面积变化的影响。

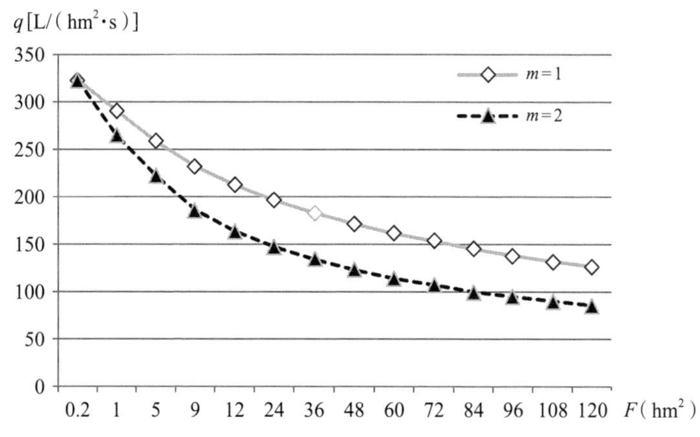

图 2 折减系数对降雨强度随汇水面积变化的影响（*P*=1a）

注：（1）系统宽度为 600m

（2）管内流速取 1.2m/s

对于相同设计参数和形状的排水系统，折减系数不同，雨水管降雨强度随汇水面积的变化速率也有所不同。当折减系数取 2 时，雨水管降雨强度随汇水面积的下降速率明显快于折减系数取 1 的排水系统。

3.4 设计坡度的影响

图 3 是雨水管设计坡度变化对降雨强度随汇水面积变化的影响。设计坡度不同，相同形状排水系统中雨水管降雨强度随汇水面积的变化速率也有所不同；设计坡度越小，降雨强度随汇水面积的下降速率越大；反之，设计坡度越大，降雨强度随汇水面积的下降速率越小，即设计坡度较大的排水系统雨水管网对应的设计雨强较高。

根据上述对比分析研究，当设计标准确定后，雨水管

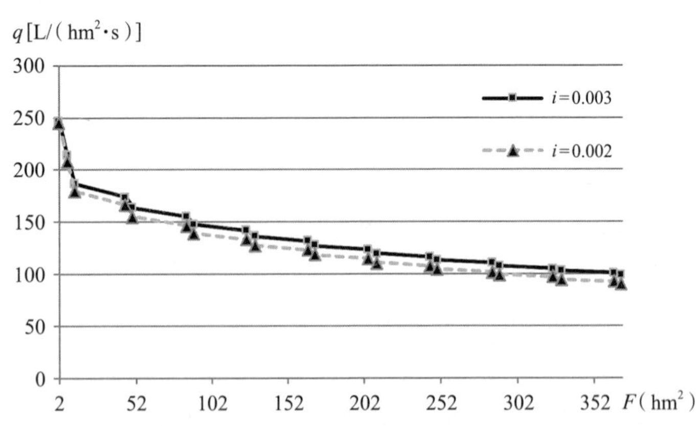

图 3　设计坡度对降雨强度随汇水面积变化的影响（P=1a，m=2）

注：系统宽度为 1200m

降雨强度与汇水面积呈反比关系，即雨水管汇水面积越小，其对应的降雨强度越高；雨水管汇水面积越大，其对应的降雨强度越低。但在不同工况和设计参数情景下降雨强度随汇水面积的变化趋势是不同的，与排水系统形状、折减系数和管道设计坡度等因素还有一定的关系。

4 影响汇水面积阈值的主要因素

4.1 汇水面积阈值确定的意义

在指定设计重现期下，雨水管计算雨量由暴雨强度公式法计算得出，而管道汇水区径流产生量则按最大小时降雨量法计算得出。以北京市为例，当重现期为 1 年一遇时，最大小时降雨量为 36mm，对应的降雨强度为 100L/hm^2·s。

图 4 是按上述方法计算得出的案例排水系统中雨水主干管计算雨量与汇水区径流产生量随汇水面积的变化情况。从图中得知，管道汇水面积较小时，按暴雨强度公式法计算的雨量明显大于按最大小时降雨量法计算得出的径流量；随着汇水面积的不断增加，两种方法计算得出的设计雨量差距逐渐缩小，当管道汇水面积达到 84hm^2 时，两种方法计算结果正好相等，这个值称之为汇水面积阈值。对于该排水系统，凡是汇水面积小于 84hm^2 的雨水管道，其计算雨量都大于按最大小时法得出的设计径流量，即这些管道的排水能力均能满足系统设计标准（P=1a）要

求。当雨水管汇水面积大于 84hm^2 时，其计算雨量将小于按最大小时法得出的设计径流量，这些雨水管段的排放能力将不能满足系统设计标准要求。

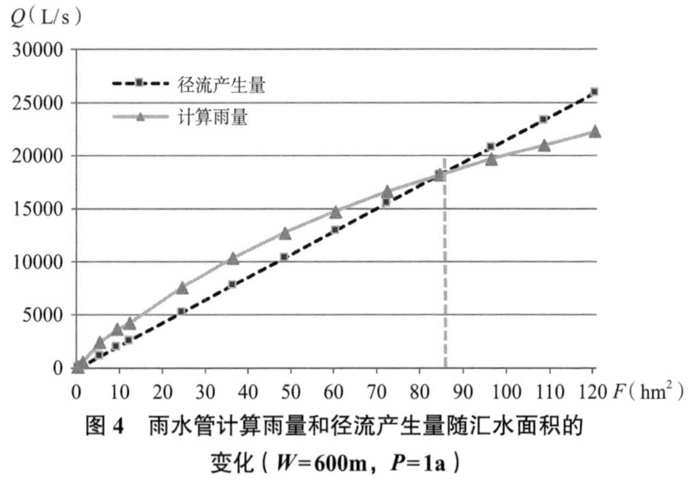

图 4　雨水管计算雨量和径流产生量随汇水面积的变化（W=600m，P=1a）

注：（1）径流系数 0.6，管内流速取 1.2m/s

（2）折减系数 m=2

确定汇水面积阈值，有助于准确了解该排水系统内哪些管道排水能力大于设计标准、哪些管道排水能力低于设计标准，以及这些管道分别占系统内雨水管总长度的比例。即阈值的确定有助于了解按暴雨强度公式法构建的雨水系统的真实建设水平，并可识别出排水系统中存在的薄弱环节。

4.2 排水系统形状对汇水面积阈值的影响

汇水面积阈值大小与排水系统形状密切关系。从图 4

可以得出，宽度为600m的长方形雨水系统对应的汇水面积阈值为84hm^2；在其他设计条件不变情况下，仅把排水系统的宽度由600m增加到1200m，该系统对应的汇水面积阈值增至168hm^2（图5），是宽度为600m排水系统汇水面积阈值的两倍。

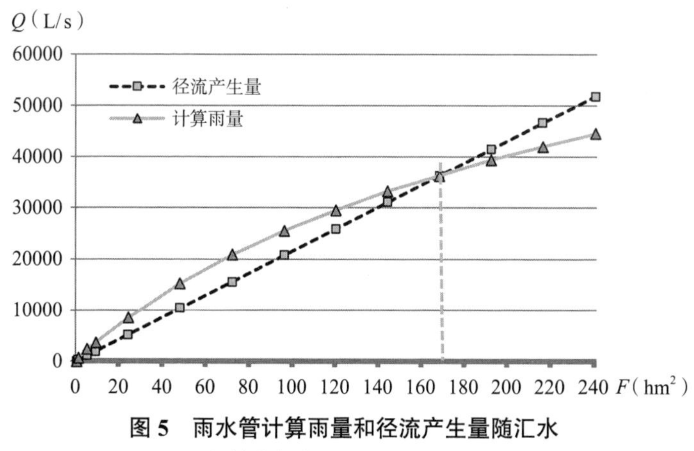

图5　雨水管计算雨量和径流产生量随汇水面积的变化（*W*=1200m，*P*=1a）

注：（1）径流系数0.6，管内流速1.2m/s
（2）折减系数 m=2

通过对不同形状雨水系统进行对比分析，排水系统长宽比越接近，即单位长度雨水管汇水面积比越高，系统对应的汇水面积阈值越大。反之，系统长宽比差距越大，即排水系统形状越狭长，对应的汇水面积阈值越小。从排水安全角度考虑，当汇水面积相同时，狭长带状排水系统面临的排水安全风险相对较高。

4.3 折减系数对汇水面积阈值的影响

排水系统汇水面积阈值大小还与折减系数有关，两者呈反比关系。

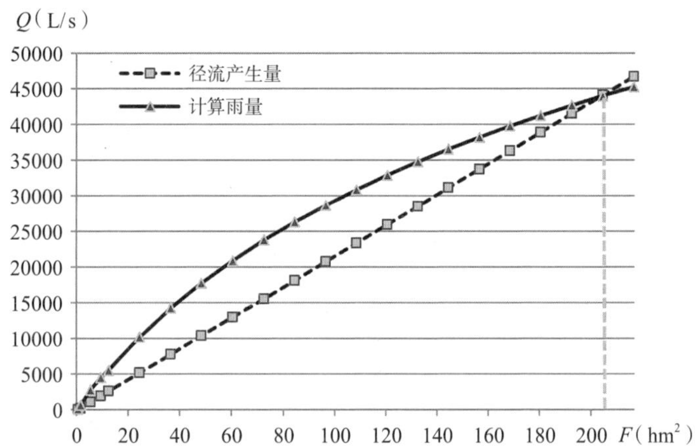

图 6 计算雨量和径流产生量随汇水面积的变化（W=1200m，m=1）

注：（1）设计重现期 P=1a，管内流速 1.2m/s

（2）径流系数 0.6

在其他设计条件不变情况下，当折减系数取 2 时，排水系统对应的汇水面积阈值为 168hm^2（图 5）；当折减系数取 1 时，同样排水系统对应的汇水面积阈值则为 204hm^2（图 6），后者是前者的 1.2 倍。由此可见，取消折减系数（即 m=1）在一定程度上提高了系统内所有雨水管的排水能力。

4.4 设计坡度对汇水面积阈值的影响

雨水管渠设计坡度大小对排水系统汇水面积阈值影响也很大，两者呈正比关系，即管渠设计坡度越大或管内流速越高，排水系统对应的汇水面积阈值越大。例如，当雨水管平均设计坡度为 0.002 时，排水系统对应的汇水面积阈值为 285hm^2；当雨水管平均设计坡度为 0.003 时，排水系统对应的汇水面积阈值为 365hm^2，后者是前者的近 1.3 倍。

通过推求不同工况排水系统对应的汇水面积上限值，发现即使在同一个城市，由于排水系统形状和管网选取的设计参数不同，对应的汇水面积阈值相差非常悬殊，从 40hm^2 到 2000hm^2 不等，相差数十倍。显而易见，在全国范围内硬性规定一个固定的汇水面积值作为暴雨强度公式的使用上限是没有实质意义的。

5 适用范围界定指标选取与相关建议

5.1 用汇流时间作为界定适用范围的指标

根据上述分析研究，影响排水系统汇水面积阈值的因素很多，包括系统形状、折减系数、管道设计坡度等，因此用“汇水面积”作为暴雨强度公式法适用范围的限定条件不符合我国城市的实际情况。

用“汇流时间”代替“汇水面积”作为界定暴雨强度公式法适用范围的控制指标。根据暴雨强度公式法特征，当设计重现期确定后，一个城市或区域设计降雨强度随雨水汇流时间的变化趋势是固定不变的。图 7 是设计标准为 1 年一遇时，按照北京市 1980 年版暴雨强度公式推导出的降雨强度随雨水汇流时间的变化情况，由图可知，设计降雨强度随雨水汇流时间的变化趋势是固定不变的，不受排水系统形状、管道长度、折减系数、管道设计坡度等因素的影响。

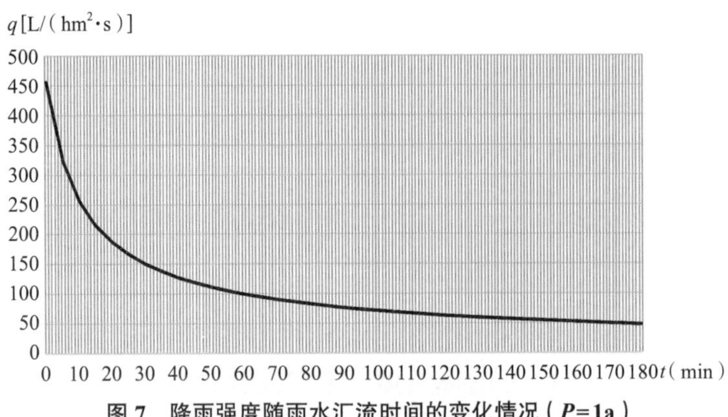

图 7　降雨强度随雨水汇流时间的变化情况（P=1a）

根据对影响降雨强度相关要素的分析研究，建议采用雨水“汇流时间”作为界定暴雨强度公式法适用范围的控制指标。

5.2 适用范围界定与系统排水能力保障

为保证排水系统整体排水能力能满足设计标准要求，同时避免出现雨水支管排水能力过强的现象，不仅要确定暴雨强度公式法适用范围的上限值，同时还要界定出其下限值。根据分析不同雨水汇流时间对降雨强度的影响，建议暴雨强度公式法雨水汇流时间的适用范围最好控制在30min 至 90min 之间。

当雨水管对应的汇流时间超出该范围时，可通过合理配置其设计标准来实现上述目标。即当雨水管对应的汇流时间超出 90min 时，为保证其排水能力满足系统设计标准要求，应适当提高这些雨水管段的设计标准，雨水管段对应的汇流时间越长，选取的设计标准越高。如当雨水管对应的汇流时间为 120min 时，为使其排水能力满足设计标准 P=1a 要求，需把该管段的设计标准提高到了 5 年一遇，当雨水管对应的汇流时间为 180min 时，应把该管段的设计标准提高到 20 年一遇。当雨水管对应的汇流时间小于 30min 时，为避免雨水管排水能力过强，造成不必要的工程投资浪费，这些雨水管段应选取比系统设计标准更低的设计标准，雨水管段对应的汇流时间越短，选取的设计标准越低。

6 小结

按暴雨强度公式法构建的排水系统中，雨水管道对应的降雨强度是随汇水面积或雨水汇流时间的增加而逐渐减低。如果不对该方法的适用范围进行限定，就会造成系统内上下游管网的排水能力与设计标准不相匹配。具体表现为雨水支管排水能力很强，而雨水干管排放能力较低，无法满足系统设计标准要求。

由于影响汇水面积阈值的因素很多，包括排水系统形状、折减系数、管道设计坡度等，导致同一个城市不同排水系统对应的汇水面积阈值相差悬殊，因此，不宜采用“汇水面积”作为界定暴雨强度公式法适用范围的控制指标，建议用“汇流时间”取而代之。

为保障城市排水安全、节约工程投资，当雨水管对应的汇流时间超过或低于规定阈值时，可通过增减相应雨水管段的设计标准，使其排水能力与系统设计标准尽可能相匹配。

城市排水系统中“大管接小管”现象剖析

摘　要：对于城市现状雨水管网中“大管接小管”现象出现的原因，规划设计人员很少把该现象与现有雨水管设计方法是否合理联系在一起。本文通过对现有雨水管设计方法（即暴雨强度公式法）的特征进行深入研究，并对不同情景下雨水管雨量计算结果进行反复验证，得出现有雨水管设计方法本身的缺陷以及该方法的不合理应用是造成“大管接小管”的真正原因。

关键词：雨水管网；暴雨强度；汇水面积；降雨历时；大管接小管

1 引言

近年来，在编制和审查城市排水（雨水）防涝规划类项目过程中，发现多个城市现状排水系统中或多或少都存在“大管接小管”现象，即上游雨水管段管径大于下游管段管径。结合以前在雨水管网设计过程中遇到的多起相似案例，以及向长期从事雨水管网工程设计技术人员的进一步求证，得知“大管接小管”现象并非个案，尤其是对于设计坡度较小、汇水面积较大的排水系统极易出现这种现象。毫无疑问，这种现象的出现会在很大程度上影响到既有雨水管网，尤其是下游雨水管道的排水能力，极有可能是造成城市个别路段经常发生积水的主要原因。对于这种奇特现象，设计技术人员虽然认为不符合常理，但由于设计计算过程是严格按照雨水管设计方法和设计要求进行的，故很少有人把这种现象与现有雨水管设计方法是否合理联系在一起。本文通过分析研究现有雨水管设计方法的特征，并对不同类型雨水系统中管网的雨量计算结果进行对比分析研究，力求找到该现象发生的真正原因。

2 对现象的初步认知

对于城市现状雨水管网中出现的“大管接小管”现象，一些相关技术人员尝试从不同的角度来加以解释，概括起来主要集中在三个方面：一是认为在城市雨水管网建设过程中缺乏系统性指导，工程建设时序安排不当所致；二是认为城市建设过程中没有妥善处理好城市建设与排水系统建设之间的关系，尤其是没有衔接好上游新建雨水管与下游已建雨水管网的关系，导致上下游雨水管管径不匹配；三是认为在雨水工程建设过程中，施工监理不到位，偷工减料所致。

上述解释似乎都有一定的道理，尤其是前两个解释更容易被业界所认可。但这些解释主要是基于推测且为定性描述，缺乏必要的数据支撑和事实依据，无法合理说明城市排水工程的实际状况。例如，上述解释均无法回答为什么“大管接小管”现象仅发生在城市雨水管网系统中，而在同样是采用重力流排放的城市污水管网系统则几乎没有出现此类现象。

3 现有雨水管设计方法特征分析

3.1 方法由来及其应用状况

为合理解释“大管接小管”现象，首先应从现有雨量计算方法的由来和基本特征说起。长期以来，我国一直使用基于苏联时期的雨水管设计方法（即暴雨强度公式法）来指导城市雨水工程的设计与建设。

暴雨强度公式法具有简单实用的特点，但该方法具有一定的适用范围，主要用于指导小汇水范围、低设计重现期下雨水管道的设计。例如，在 1974 年版《室外排水设计规范》（以下简称《规范》）中，管道设计重现期选用范围为 0.33～2.0 年，重现期的高低主要取决于雨水管汇水面积的大小。虽然 1974 年版《规范》没有明确规定雨量计算方法汇水范围的限制要求，但鉴于该方法一开始主要用于指导市政道路和小区内雨水管道的设计，而这些区域雨水管道的汇水范围一般都比较小。之后，暴雨强度公式法的应用范围在不断扩大，以汇水范围为例，从刚开始的几公顷、逐步扩大到几十公顷、几百公顷甚至上千公顷。

3.2 暴雨强度公式法对计算雨量的影响

3.2.1 暴雨强度在系统内的变化特征

暴雨强度公式法假定汇水面积随汇流时间增长的速率为常数，并且在汇流时间内降雨为等强度过程。但从暴雨强度公式（式 1）可以看出，当设计重现期（P）确定后，雨水系统内不同雨水管段对应的降雨强度（q）值并不是固定不变的，而是与其对应的雨水汇流时间（t）大小有关。即在雨水系统内不同雨水管对应的降雨强度并不相等，其大小是随汇流时间的增加而不断降低。

$$q=\frac{1575(1+0.719\lg P)}{(t+5.54)^{0.6514}} \tag{1}$$

注：公式为上海市旧版暴雨强度公式

根据雨水汇流时间构成，其大小与管道长度（间接与汇水面积有关）、管内水流速度（或管道坡度）存在定量的关系。受此影响，上下游不同雨水管段因其汇水面积不同，对应的雨水汇流时间也有所不同，导致同一个排水系统内不同雨水管段对应的降雨强度值存在明显差异。

图 1 是根据上海市暴雨强度公式得出的不同宽度排水系统中雨水主干管降雨强度随其汇水面积的变化情况。从

图中可以看出，在不同宽度的排水系统中，雨水主干管降雨强度值都是随其汇水面积的增加而递减，即系统内上游雨水管段对应的降雨强度值大于下游管段对应的降雨强度。例如在宽度为 600m 的排水系统中，当雨水管汇水面积为 24hm^2 时，对应的降雨强度为 147L/hm^2·s，当雨水（干）管汇水面积增加到 240hm^2 时，此处管段对应的降雨强度只有 60L/hm^2·s，前者是后者的 2.45 倍。

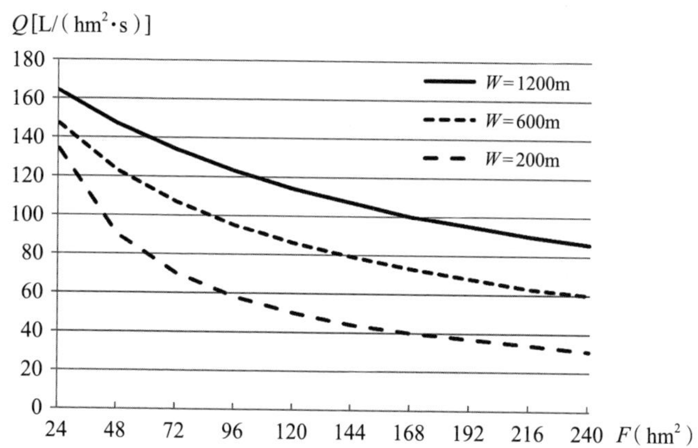

图 1 不同宽度排水系统主干管降雨强度随汇水面积的变化（*P*=1a）

注：折减系数 m=2，管内平均流速 1.2m/s

在不同宽度的排水系统中，雨水管段降雨强度随汇水面积的变化趋势有着明显的不同。排水系统宽度越小，雨水管段降雨强度随汇水面积的下降速率越大。由图 1 得知，在设计参数完全相同情况下，当雨水管汇水面积为 120hm^2 时，在宽度为 1200m、600m 和 200m 的排水系统中，此管段对应的降雨强度值分别是 114L/hm^2·s、

86L/hm²·s 和 50L/hm²·s，即在不同宽度排水系统中，相同汇水面积雨水管段对应的降雨强度值相差很大。

3.2.2 对管道设计雨量计算的影响

降雨强度在雨水系统内的变化特征，对系统雨水管段的雨量计算和管径选取造成很大的影响。图 2 是按照上海市暴雨强度公式计算得出的不同宽度系统中雨水主干管设计雨量随其汇水面积的变化情况。受降雨强度从系统上游到下游逐步降低的影响，雨水主干管计算雨量与汇水面积之间并不呈线性关系。当雨水管汇水面积较小时，管段对应的降雨强度较高，计算雨量随汇水面积的增长速率较高；随着管段汇水面积的增加、对应的降雨强持续降低，这些雨水管段计算雨量随汇水面积的增加速率逐步趋于平缓。

从图 2 还可以看出，不同宽度系统中雨水主干管计算

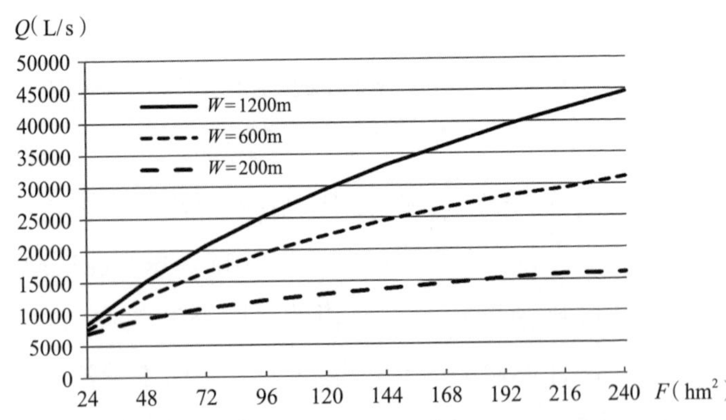

图 2　不同宽度排水系统主干管计算雨量随汇水面积的变化（P=1a）

注：折减系数 m=2，径流系数 ϕ=0.6

雨量随汇水面积增加的速率也有所不同，且随着汇水面积的增加，相互之间的差值越来越大。系统宽度越宽，单位长度雨水管对应的汇水面积越大，对计算雨量的贡献度也越大；系统宽度越狭窄，单位长度雨水管对应的汇水面积越小，对计算雨量的贡献度也越小。

4 现象成因分析

4.1 影响管道计算雨量要素分析

以图 3 所示雨水系统为例，来解释宽度变化对雨水管计算雨量的影响。该排水系统上游汇水区域宽度为 1200m，下游区域宽度为 200m。暴雨强度公式采用上海市旧版暴雨强度公式，折减系数 $m=2$，径流系数取 0.6。

图 4 是系统内雨水主干管计算雨量随汇水面积的变化情况。由图 4 可知，当雨水主干管汇水面积低于 120hm^2

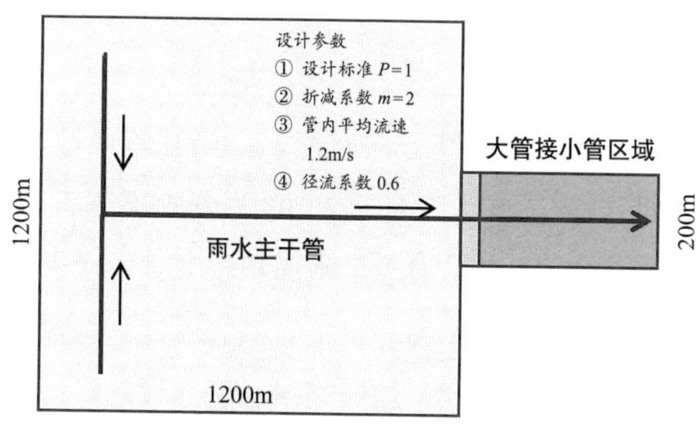

图 3 “大管接小管”现象易发区域示意图

时，雨水管计算雨量是随汇水面积的增加而增加；当雨水管汇水面积超过 120hm^2 时，此时系统宽度由 1200m 变为 200m，根据计算结果，位于该狭窄区域内雨水主干管计算雨量不再随汇水面积的增加而增加，而是随汇水面积的增加而减少。若按计算雨量选取这些雨水管段的管径，就会出现“大管接小管”现象。

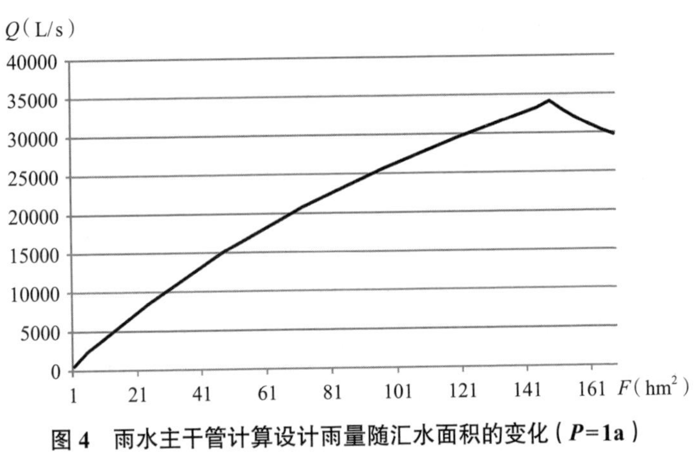

图 4　雨水主干管计算设计雨量随汇水面积的变化（P=1a）

4.2 成因解析

按照现有雨量计算方法（式 2），当径流系数（ψ）为固定值时，管道设计雨量（Q）的大小取决于汇水面积（F）和暴雨强度（q）。对于汇水面积较大且位于下游狭窄区域的雨水管段，汇水面积增加对该管段计算雨量的贡献程度开始小于该管段因汇流时间增加所导致的降雨强度减少的幅度，根据雨水管设计公式构成（式 2），最终导致该管段的计算雨量小于上游管段计算雨量的情况，即本管段及下游各管段计算雨量不再随汇水面积的增加而增加，而是随汇水面积的增加而减少。

$$Q=\psi \cdot q \cdot F \tag{2}$$

式中：Q——计算雨量（L/s）；

ψ——径流系数；

q——暴雨强度 [L/（$hm^2 \cdot s$）]；

F——汇水面积（hm^2）。

据了解，很多长期从事雨水管网规划设计的技术人员都遇到过“下游管段计算雨量小于上游管段计算雨量”的情况，只是在选取该雨水管管径时采取的方式有所不同。少数情况下，设计人员尤其是年轻设计人员会严格按照计算雨量来选取雨水管管径，在此情景下就出现了“大管接小管”现象。但在大多数情况下，具有一定设计经验的技术人员一般不会完全根据计算雨量来确定该雨水管段的管径，而是参照上游管段的管径进行选取，原则上下游雨水管段的管径不应小于上游管段的管径，最常见的结果是选取与上游管段相同的管径。即由于人为的干预，避免了很多由于设计方法缺陷导致的“大管接小管”现象的出现。

由此可见，即使一些城市现状雨水管网中没有出现或出现很少“大管接小管”现象，也并不代表在雨量计算过程中没有发生过“下游管段计算雨量小于上游管段计算雨量”的情况。即便是这些管段选取与上游管段相同的管径，其排水能力也很难满足系统设计标准的要求。令人担忧的是，长期以来我国所有城市一直采用该雨量计算方法和设计理念来指导雨水管网的设计与建设，给城市既有排水系统带来大量且难以消除的安全隐患。

4.3 现象发生的前提条件

根据对不同情景、不同类型排水系统的反复验证，结果表明，并不是所有排水系统都一定会发生“大管接小管”现象。该情况是否出现、出现频次的高低以及在什么位置出现取决于多种因素，包括系统汇水面积大小、系统形状、雨水主干管长度、管道设计坡度等因素。

对于汇水面积较小、坡度较大的排水系统以及位于系统上游的雨水管段发生“大管接小管”现象的几率非常低。

对于地势比较平缓的城市，当排水系统汇水面积较大时，位于系统下游雨水主干管发生“大管接小管”现象的概率会明显提高。在设计条件相同情况下，雨水系统形状也是决定该现象能否出现的主要因素，对于狭长带状排水系统，下游雨水主干管发生“大管接小管”的几率明显高于其他形状的排水系统。

5 结论

现有雨量计算方法本身存在的缺陷和超范围应用该设

计方法是造成现状雨水管网中出现“大管接小管”现象的真正原因，发生此现象会严重影响所在排水系统的整体排水能力，增加城市道路积水的风险。

修订暴雨强度公式和全面提高雨水管道设计标准只能在一定程度上减少或延迟该现象的发生，并不能从根本上弥补现有雨量计算方法的不足，也无法杜绝“大管接小管”现象的发生。

新旧版暴雨强度公式对城市排水系统的影响研究

摘　要：因新修订的暴雨强度公式在降雨资料年限、公式选样方法和参数选取等方面与旧版暴雨强度公式有所不同，导致两种公式计算得出的降雨强度和设计雨量存在一定偏差。为使规划新建与既有雨水管网的排水能力相匹配，有必要对新旧公式之间的差异性和相关性进行对比研究。本文以北京市暴雨强度公式为例，通过定量分析新旧版公式降雨强度时空变化的差异，并结合具体排水工程案例实证研究，系统评价了新旧版公式对系统排水安全和工程造价的影响。

关键词：暴雨强度公式；雨水汇流时间；排水安全；工程造价

1 引言

长期以来，我国城市都是依据20世纪七八十年代编制的暴雨强度公式指导雨水管网的规划设计，即绝大部分现状雨水管网都是按旧版暴雨强度公式进行建设的。随着气象因素的变化、降雨数据的不断丰富以及计算方法的更新，一些城市相继对暴雨强度公式进行了修订。特别是2014年4月，住房和城乡建设部和中国气象局联合颁布了《城市暴雨强度公式编制和设计暴雨雨型确定技术导则》，以此为契机，很多城市都相继修编了新的暴雨强度公式。

新旧版暴雨强度公式选样方法和关键参数选取有所不同。旧版暴雨强度公式选样方法为年多个样法，而新修订的暴雨强度公式选样方法为年最大值法，且公式中不再保留折减系数（即 $m=1$）。由于新旧版暴雨强度公式所采用的降雨资料年限不同、选样方法不同、折减系数取值不同，使得在相同设计重现期下新旧版公式计算设计雨强存在一定偏差，进而影响到按不同方法设计的雨水管网的排水能力和工程投资效益。本文以北京市暴雨强度公式为例，结合具体案例排水系统（图1），分析对比新旧版暴雨强度公式对城市排水系统的影响。

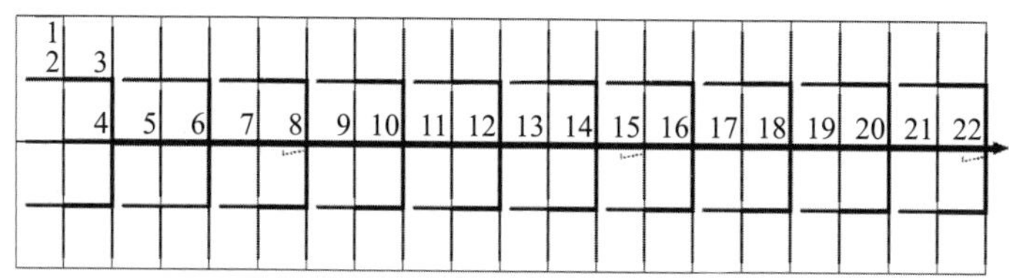

图1　案例排水系统雨水管网布局示意图

本文选取的案例排水工程系统为长方形，长4000m，宽1000m，汇水面积4km^2，系统内雨水管总长度28.76km，雨水管设计坡度取0.002，径流系数取0.6。

2 新旧版暴雨强度公式特征对比

2.1 旧版暴雨强度公式

北京市旧版暴雨强度公式是北京市市政工程设计研究总院（原北京市市政设计院）于 1983 年推导完成的。该公式采用的是 1941—1980 年共计 40 年的降雨资料，降雨样本选样方法是年多个样法。

$$q=\frac{2001(1+0.811\lg P)}{(t+8)^{0.711}} \tag{1}$$

其中：$t=t_1+m\,t_2$ （2）

式中：t_1——地面积水时间（min）；

t_2——管渠内雨水流行时间（min）；

m——折减系数，其中管道取 2，明渠取 1.2。

2.2 新版暴雨强度公式

北京市新版暴雨强度公式为 2017 年颁布实施的暴雨强度公式（式 3）。降雨资料年限为 1941—2014 年，选样方法为年最大值法。

$$q=\frac{1602(1+0.037\lg P)}{(t+11.593)^{0.681}} \tag{3}$$

其中：$t=t_1+t_2$ （4）

3 新旧版公式降雨强度时空变化对比

由于新旧版暴雨强度公式选样方法不同、资料年限不同和折减系数取值不同，两种公式计算得出的降雨强度时空变化特征也存在一定的差别。

3.1 不同重现期下降雨强度随雨水汇流时间变化趋势对比

图 2～图 5 分别是在不同设计重现期下，新旧版公式降雨强度随雨水汇流时间的变化情况。从这些图得知，在不同设计重现期下，新版暴雨强度公式在相同汇流时间内对应的降雨强度始终小于旧版公式，且更趋平缓。尤其是在短降雨历时时段，新版公式计算得出的降雨强度明显小于旧版公式。随着雨水汇流时间的增加，两个公式计算得

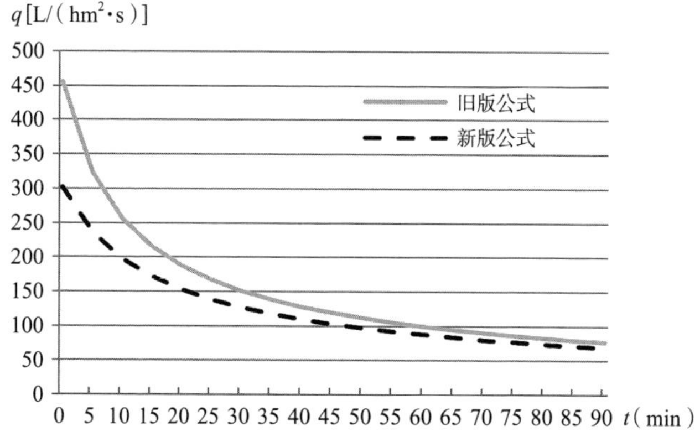

图 2　新旧版公式降雨强度随汇流时间的变化（P=1a）

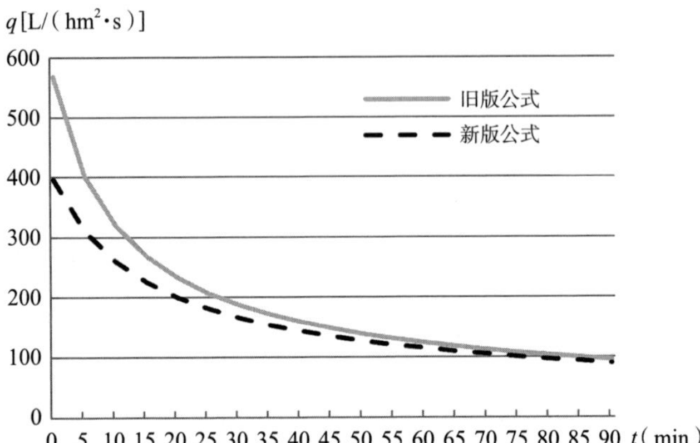

图 3　新旧版公式降雨强度随汇流时间的变化（*P*=2a）

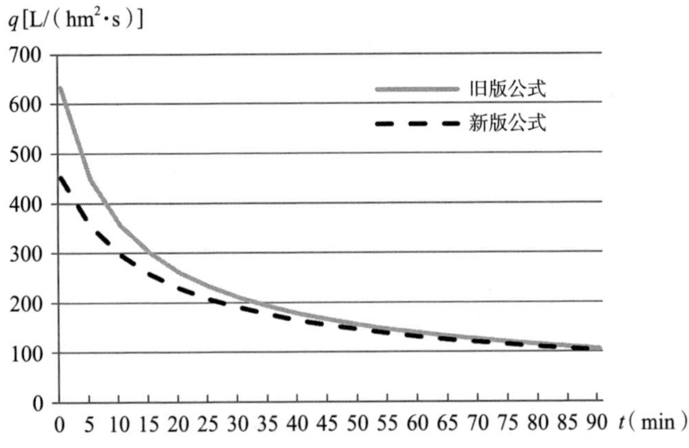

图 4　新旧版公式降雨强度随历时的变化（*P*=3a）

出的降雨强度差值越来越小，特别是当雨水汇流时间超过50min后，两个公式对应的降雨强度值非常接近。从图中还可以看出，随着设计重现期的不断提高，新旧版公式对应的降雨强度差值在不断缩小。

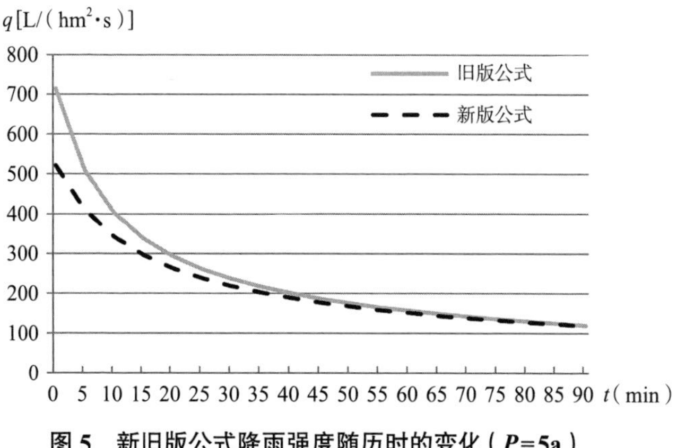

图 5　新旧版公式降雨强度随历时的变化（P=5a）

3.2 降雨强度随管道长度和汇水面积变化趋势对比

按照相关规范要求，新修订的暴雨强度公式取消了折减系数，即折减系数为 1，根据雨水汇流时间构成（式 2、式 4），对于相同长度的雨水管道，新版暴雨强度公式对应的管内流行时间只有旧版公式的二分之一，因新版暴雨强度公式对应的雨水汇流时间普遍小于旧版公式，会直接影响到雨水管设计雨强的大小。

对于长度较短的雨水管，因新旧版暴雨强度公式对应的雨水汇流时间相差不大，此时选样方法对管道设计雨强的大小起主导作用，结果是旧版公式（年多个样法）计算的雨强要大于新版公式（年最大值法）。随着雨水管长度的增加，新旧版暴雨强度公式对应的雨水汇流时间差值越来越大，汇流时间已成为影响雨水管设计雨强大小的关键因素。当雨水管长度超过某个值时，计算结果开始出现反转，即按新版暴雨强度公式计算得出的降雨强度大于旧版公式。

以案例排水工程系统为例，在设计重现期为 1 年一遇时，当雨水管长度小于 660m 或管道汇水面积小于 12.5hm^2 时（图 6、图 8），旧版公式计算的雨水管降雨强度大于新版公式。当管道长度等于 660m 或汇水面积等于 12.5hm^2 时，新旧版暴雨强度公式计算的降雨强度相等，此处旧版公式对应的雨水汇流时间为 22min，而新版公式对应的雨水汇流时间仅为 13min。当管道长度大于 660m 或汇水面积大于 12.5hm^2 时，新版公式计算的降雨强度开始大于旧版公式。

若设计重现期为 2 年一遇，新旧版暴雨强度公式的转折点分别是雨水管长度 500m 和汇水面积 10hm^2（图 7、

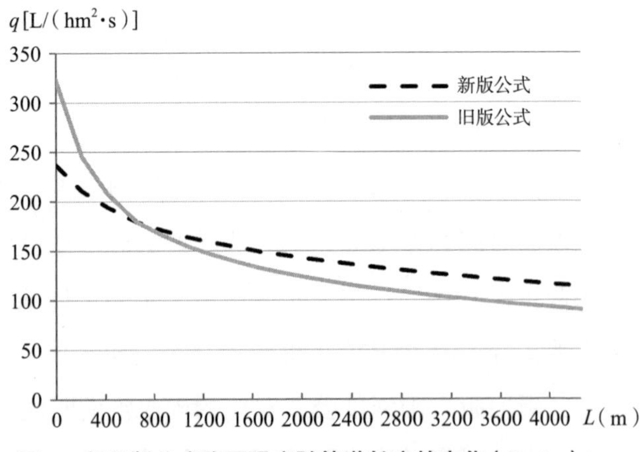

图 6　新旧版公式降雨强度随管道长度的变化（P=1a）

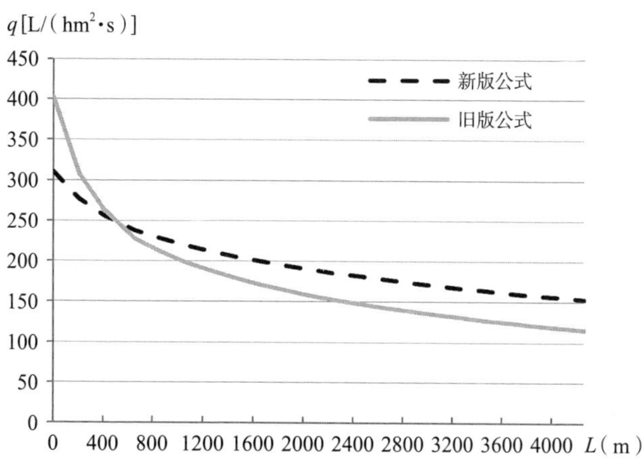

图 7　新旧版公式降雨强度随管道长度的变化（P=2a）

图 9)，均小于 1 年一遇的取值。即在不同设计重现期下，当排水系统内雨水管道长度或汇水面积超过某个值时，新版公式计算得出的降雨强度要大于旧版公式。

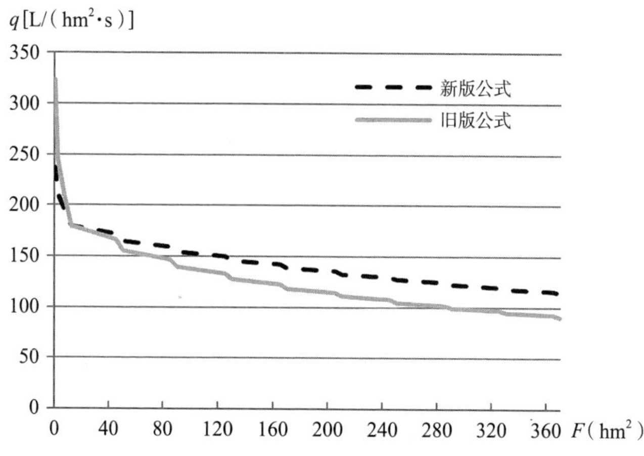

图 8　新旧版公式降雨强度随汇水面积的变化（P=1a）

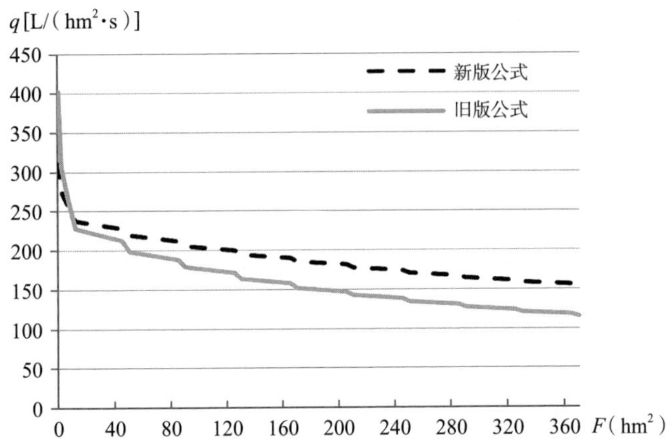

图 9　新旧版公式降雨强度随汇水面积的变化（P=2a）

3.3 降雨强度时空变化特征对比

综上所述，对于同一个排水系统，新旧版公式降雨强度随雨水汇流时间的变化特征与降雨强度随管道长度的变化特征均有所不同。若仅考虑降雨强度随雨水汇流时间的变化，必然会得出新版公式设计雨强始终小于旧版公式的结论。

与此同时，根据降雨强度随管道长度的变化规律又会得出不同的结论。由于折减系数的变化，对于同一个排水系统，除长度较小的雨水管外，其他雨水管道按新版公式计算得出的设计雨强均大于旧版公式，即按新版公式设计构建的系统中大部分雨水管的排水能力要大于旧版公式对应的排水能力。

4 新旧版公式对排水安全和工程投资的影响

4.1 对系统排水安全的影响

通过对比分析新旧版公式中降雨强度的时空变化差异，可以得出，在相同设计重现期下，对于雨水支管，旧版公式计算的降雨强度要大于新版公式，即这些管道的排水能力大于按新版公式设计管道的排水能力。对于其他雨水管道，新版公式计算的降雨强度要大于旧版公式，即这些管道的排水能力要大于旧版公式。

按旧版公式构建的雨水系统中，上下游雨水管道排水能力相差悬殊，具体表现在雨水支管排水能力很强，而下游个别雨水干管排水能力相对不足。按新版公式构建的排水系统中，上下游雨水管道排水能力相对比较均衡，排水能力过强和排水能力不足管道的占比明显减少，相比旧版公式，系统排水安全得到一定程度的提升。

4.2 对工程造价的影响

按照新旧版暴雨强度公式分别计算案例排水系统内雨水管道的设计雨量，根据计算结果分别选取雨水管管径。根据统计结果，按不同公式设计的案例排水系统中雨水管断面尺寸构成如图 10 所示。对于管径 $D \leqslant 2000$mm 的雨水管段，新旧版公式对应的管道长度占比基本相等；对于管径 3000mm ≥ D > 2000mm 的雨水管段，旧版公式对应的管道长度占比要略高于新版公式；对于管径 D > 3000mm 的雨水管段，新版公式对应的管道长度占比明显大于旧版公式。

在《室外排水设计规范》GB 50014—2006（2016 年版）颁布之前，全国城市雨水管网的建设标准基本上都是 1 年一遇，并且是采用旧版暴雨强度公式进行设计，即我国城市大部分现状雨水管的设计标准为 1 年一遇。当 2016 年版规范颁布之后，一般城市雨水管的最低设计标准提高到 2 年一遇，特大城市最低设计标准提高到 3 年一遇。

根据雨水管建设指标分别估算按新旧版公式设计的案例排水系统的工程造价。以下是不同设计重现期下，采用

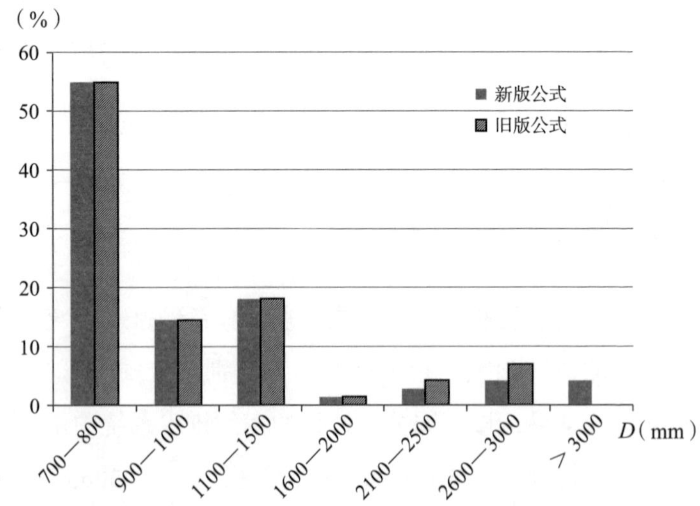

图 10　新旧版公式对应雨水管各管径长度占比（P=1a）

新版暴雨强度公式设计的案例排水系统造价与现状排水系统（$P=1\mathrm{a}$）造价的对比情况。

当设计标准取 1 年一遇时，新版公式对应的工程造价比旧版公式对应的工程造价增加约 8%，具体表现为每千米雨水管增加投资 15.7 万元。

当设计重现期取 2 年一遇时，采取新版公式对应的工程造价比现状排水系统工程造价增加 24%。

当设计重现期取 3 年一遇时，新版公式对应的工程造价比现状排水系统工程造价增加 40%。

当设计重现期取 5 年一遇时，新版公式对应的工程造价要比现状排水系统工程造价增加 53%。

在相同设计标准下，新版暴雨强度公式对应的工程造价要高于旧版公式。随着设计标准的增加，新版公式设计的排水系统工程造价比现状排水系统增加的幅度越来越大。

5 结论

因旧版暴雨强度公式所采用的降雨资料年限、选样方法和折减系数取值与新版公式都有所不同，导致不同设计方法中降雨强度时空变化特征存在差异，从而影响到雨水管网系统的排水安全和工程投资大小。

按新版暴雨强度公式构建的排水系统，除个别管长较小的雨水管外，其他雨水管道的排水能力大于旧版公式。相对旧版公式，新版公式降雨强度时空变化趋于平缓，排水系统中上下游雨水管道排水能力相对比较均衡，系统排水安全得到一定程度的提升。

在相同设计标准情况下，按新版公式设计的排水系统工程造价不是低于而是高于按旧版公式构建的排水系统工程造价，因此不能仅凭暴雨强度公式选样方法的不同而贸然提高雨水管网的设计标准。

雨水管设计方法与城市道路积水因果关系研究

摘　要：雨水管设计方法与城市道路积水之间存在一定的因果关系。当现有设计方法即暴雨强度公式法应用到汇水范围较大且地势平坦的排水系统时，下游雨水干管排水能力低于设计标准要求，导致这些雨水管段呈承压排放状态，一旦水面线高出地面或水头压力大于管渠覆土厚度时，所在路段就会发生积水现象。通过研究现有设计方法的特征以及对雨水管网系统排水能力的影响，可以识别出制约系统整体排水能力的瓶颈管段，发现城市道路与雨水管设计方法的因果关系。

关键词：设计方法；设计重现期；排水能力；承压排放；道路积水

1 引言

城市常见的排水安全问题主要表现在两个方面，一是由于排水管网系统原因引发的道路积水问题，二是由于排涝设施（包括收纳水体、排泄通道和排涝泵站等）原因导致的内涝问题，其中因排水管网系统原因引发的城市排水安全事件占比最高，且发生的频次远高于城市内涝发生的频次。

鉴于城市排水管网系统的复杂性，影响其排放能力的因素很多，包括设计标准、排水设施布局、建设时序安排、建设质量、后期运维管理等，在已识别出的众多制约因素中，却很少考虑雨水管设计方法与城市道路积水之间的内在联系。本文通过分析研究现有设计方法的特点，找出制约雨水管网系统整体排水能力的瓶颈雨水管段，梳理清楚瓶颈管段与道路积水点的空间关系。

2 当前对道路积水原因的识别

由于越来越多的城市进入道路积水的行列，且积水灾害给城市居民生命财产安全造成重大影响，促使人们从不同的角度、采取不同的手段寻找道路积水的原因，以下是近年来一些排水规划设计专家找出的各种道路积水原因。

（1）建设标准低；

（2）暴雨强度公式老旧；

（3）极端气候影响；

（4）疏于规划或规划滞后；

（5）城市建设重地上、轻地下；

（6）技术低下；

（7）部分管网老化；

（8）城市范围不断扩大，地面硬化，施工影响；

（9）给水排水专业人才不足且流失严重。

在找到的众多原因中，雨水管网建设标准低被认为是路面积水的主要原因，其次是暴雨强度公式老旧也被认为与城市道路积水存在一定的关系，而对于雨水管设计方法与道路积水的内在联系则很少提及。

深圳市道路积水原因的识别就具有很强的代表性，近十年来，深圳市先后遭受多次道路积水的影响，如在2008年“6·13”、2009年“5·23”以及2014年“3·30”、2014年“5·11”和2014年“5·20”等多场降雨过程中，造成深圳市各区普遍发生不同程度的道路积水，局部区域积水严重，给人民生产生活造成较大影响。为此，当地一些排水工程规划设计人员对道路积水原因进行了分析归

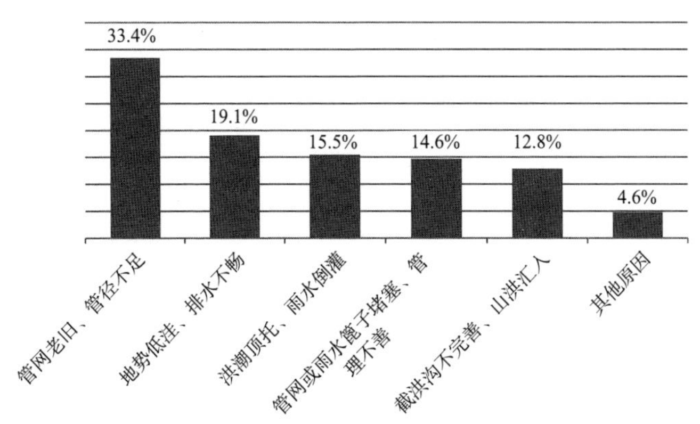

图1　深圳市道路积水原因及占比情况

类，图 1 是深圳市各种积水原因以及不同原因占总积水事件的比例。从图中可知，管径不足即雨水管网建设标准低占比最高，占总积水事件的三分之一。

3 现有设计方法特征分析

3.1 现有设计方法应用状况

长期以来，我国对雨水管设计方法的研究比较滞后，一直采用暴雨强度公式法来指导雨水管网的规划设计。由于没有其他设计方法可以选用，导致该方法的应用范围非常宽泛，例如，汇水面积从几公顷到上千公顷，或汇流时间从十几分钟到数个小时的雨水管网系统都是采用暴雨强度公式法进行设计，超范围应用该方法对雨水管网的排放能力会造成不利影响。

3.2 影响雨水管排水能力的主要因素

在现有雨水管设计方法中，降雨强度是根据暴雨强度公式推求得出，因此，现有设计方法又称之为暴雨强度公式法。下面以上海市旧版暴雨强度公式（见式 1）为例，来分析研究该方法的基本特征。

$$q = \frac{1575(1+0.719\lg P)}{(t+5.54)^{0.6514}} \tag{1}$$

由式 1 可知，当雨水管网系统设计重现期确定后，按暴雨强度公式计算得出的不同雨水管降雨强度并不相同，其大小还与其对应的降雨历时长短有关，两者呈反比关系。即雨水管对应的设计降雨历时越短，其降雨强度值越大；反之，雨水管对应的设计降雨历时越长，其降雨强度值越小。

在雨水管设计流量计算过程中，由于把降雨历时简单等同于雨水汇流时间，使得在相同设计标准下，影响雨水管降雨强度即排水能力的因素明显增加。根据雨水汇流时间构成和推求方法（式 2），雨水汇流时间与地面集水时间、管内雨水流行时间以及折减系数有关。

$$t=t_1+m\,t_2 \tag{2}$$

式中：m——折减系数；

t_1——地面集水时间（min）；

t_2——管内雨水流行时间（min）。

其中管内雨水流行时间按下列公式进行计算：

$$t_2=L/60v \tag{3}$$

式中：L——管道长度（m）；

v——设计流速（m/s）。

上述计算过程表明，当地面集水时间、折减系数确定后，雨水管汇流时间主要取决于管内雨水流行时间，而管内流行时间又与雨水管长度、设计流速密切相关。

通过以上分析，对于同一个排水系统，当设计重现期确定后，按暴雨强度公式法计算得出的不同雨水管降雨强度并不相等，即不同雨水管对应的排水能力各不相同，影响主要因素为管道长度、管道设计坡度等。

4 设计方法与道路积水的因果关系

4.1 雨水管排水能力的变化

根据上述分析，按暴雨强度公式法构建的排水系统中，雨水管的排水能力不仅与设计标准有关，还与对应的雨水汇流时间长短有关，两者呈反比关系。

不同雨水汇流时间对应的降雨强度（P=1a）　　表 1

汇流时间 t（min）	15	30	45	60	120	180
降雨强度 [L/（hm^2·s）]	220	154	122	103	68	52

表 1 是根据上海市暴雨强度公式计算得出的不同汇流时间对应的降雨强度。由于降雨强度大小与汇流时间长短密切相关，导致在同一个排水系统中上下游不同雨水管排水能力相差很大。从表中数据可以得出，设计重现期为 1 年一遇时，汇流时间为 60min 雨水管对应的降雨强度分别是 120min 和 180min 雨水管降雨强度的 1.5 倍和 2 倍；反之，汇流时间为 120min 和 180min 雨水管对应的降雨强度只有汇流时间为 60min 雨水管降雨强度的 0.66 倍和 0.5 倍。

根据上述分析，雨水汇流时间对雨水管的排水能力影响很大。当雨水管对应的汇流时间 $t \leqslant 60\mathrm{min}$ 时，该管段的排水能力大于设计标准要求。当雨水管对应的汇流时间为 120min 时，其排水能力仅为 0.36 年一遇。当雨水管对应的汇流时间为 180min 时，其排水能力仅为 0.23 年一遇，明显低于系统设计标准要求。

在具体雨水管渠设计计算过程中，不论汇水面积大小、雨水汇流时间长短，雨水管渠选取的设计标准往往都是一样的。受暴雨强度公式特性和设计标准配置习惯的影响，使得在同一个排水系统内不同雨水管或同一条雨水管的不同管段其排水能力是不同的，具体表现为雨水支管排水能力很强，而雨水主干管因对应较长的汇流时间，其排水能力低于设计标准要求，成为制约系统整体排放能力的瓶颈管段。

4.2 道路积水原因识别

当暴雨强度公式法应用于汇水范围较大且地势平坦的排水系统时，因下游雨水主干管对应较长的汇流时间，其设计降雨强度很低，计算得出的设计流量小，按计算结果选取的雨水管管径偏小，导致这些管段的排水能力无法满足设计标准要求。当遭遇设计标准降雨时，这些管段靠重力流满流排放已不能满足雨水径流排放要求，在此情况下，其排水方式转变为承压排放，即这些管段对应的水力坡度要大于管道的设计坡度，导致这些管段的水面线标高大于雨水管管顶标高。一旦排水系统内有雨水管水面线高出路面或水头压力大于管渠覆土厚度时，就会发生道路积水现象。

特殊情况下会出现“道路喷水”现象。当管道水面线与路面相交处正好位于两个雨水检查井之间时，从相交点到下端检查井之间管段的水头压力大于覆土厚度，从而造成下游检查井发生“喷水”现象。图 2 是 2021 年 7 月 19 日晋城市城区某道路雨水检查井的喷水现象和道路积水情况。

图 2　晋城市某道路雨水检查井喷水情况

根据上述分析，按暴雨强度公式法构建的排水系统中，位于下游的少数雨水管段其排水能力不能满足系统设计标准要求，是导致系统发生积水的根本原因。

以下通过具体排水工程案例，分析遭遇不同重现期降雨时，系统内承压雨水管的占比情况以及最高水头压力。

案例排水系统形状为长方形，长 4000m，宽 1000m，管道总长度 28760m。主要设计参数为：雨水支管设计坡度取 0.002，雨水干管（$F>40hm^2$）取 0.001，折减系数取 2，径流系数取 0.6，设计重现期为 1 年一遇。

当系统遭遇设计标准即 1 年一遇降雨时，系统内有占管网总长度 6% 左右雨水主干管其排水能力不能满足设计标准要求。受这些雨水管段水面线的顶托，导致系统中 40% 的雨水管道呈压力流排放，其中包括一些排水能力为 20～50 年一遇的管段，系统中最大水头压力为 0.62m，即水面线高出管顶 0.62m。当该位置雨水管水面线高出地面或覆土厚度小于 0.62m 时，就会发生路面积水现象。

遭遇 2 年一遇降雨时，系统内 89% 的管道呈压力流排放，系统最高水头压力为 2.3m，当该位置雨水管的覆土厚度小于 2.3m 时，就会发生路面积水现象。

遭遇 5 年一遇降雨时，系统内 93% 管道呈压力流排放，系统最高水头压力为 4.7m。一旦该位置雨水管的覆土厚度小于 4.7m 时，就会发生路面积水现象。

4.3 积水点与瓶颈雨水管段的空间关系

按暴雨强度公式法构建的排水系统中，下游汇水面积较大的雨水管段排水能力不足，是制约整个系统排水能力的关键节点和瓶颈管段，是导致道路积水的主要原因。由于雨水管渠上方有一定厚度的覆土，使得系统中排水能力最小瓶颈管段所在地区反而不会发生路面积水，积水路段位于瓶颈管段上游，两者在空间上存在错位。

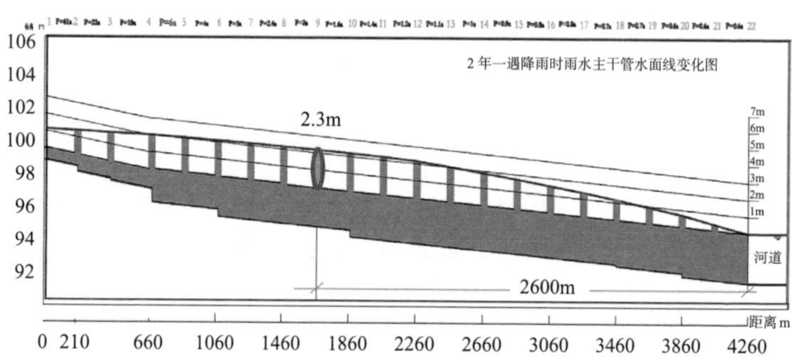

图 3　遭遇 2 年一遇降雨时雨水主干管水面线的变化情况

积水点与排水能力最不利瓶颈管段两者之间距离并不固定，与管渠覆土厚度、瓶颈管道长度、地面坡降等因素有关。管道设计坡度越小、管道覆土厚度越大，积水点与瓶颈管段之间的距离就越远。图 3 是案例排水系统在遭遇 2 年一遇降雨时系统内雨水主干管水面线的变化情况。由图可以看出，系统内最大水头压力为 2.3m，该点距下游排水能力最不利管段（排放口）的距离为 2600m。

5 对策与建议

5.1 保障系统整体排水能力满足设计标准要求

按现有设计方法构建的排水系统，尤其是汇水范围较大且地势平坦的排水系统，下游雨水干管的排水能力不能满足系统设计标准要求，是制约系统整体排水能力的瓶颈管段。因此，提升下游雨水干管排水能力是解决道路积水的关键。

优化雨水管网系统设计标准的选取。目前设计标准选取忽视了排水系统的自然属性，直接表现为雨水管网设计标准大小与其汇水面积大小、影响范围等因素无关。而根据暴雨强度公式法的特点，雨水管排水能力是随着汇水面积的增加而下降，受以上因素的影响，汇水面积范围较大的排水系统存在排水安全隐患。为提升排水系统的整体排水能力，减轻道路积水风险，应把“雨水汇流时间”或“汇水面积”作为选取设计标准高低的重要条件。对于规划新建排水系统，应根据汇流时间长短合理配置雨水管道的设计标准。对于汇流时间较长的雨水管段应选取更高的设计标准，使这些管段的排水能力与系统设计标准要求基本匹配。对于既有排水系统，首先应识别出雨水汇流时间较长的雨水管段，然后采取综合治理措施来提升这些管段的排水能力。

5.2 道路积水的精准治理

由于城市现状排水管网量大面广，要避免采取大规模提标扩建的措施来解决道路积水问题。应结合现有设计方法的特征以及既有雨水管网的实际建设水平，制定相应的治理对策。治理重点应放在排水系统的薄弱环节、重要节点和下游排水设施方面。对于存在雨水汇流时间较长的排水系统，可通过扩建或新建排水主干管、优化调整排水分区，并辅助于增设雨水调蓄设施等措施，减轻原有雨水干管的排水压力。通过精准施策，可以用较少的投资、在较短的时间内解决城市面临的道路积水问题。

6 结论

我国城市雨水管网系统基本上都是按照暴雨强度公式法进行设计的，该方法存在的缺陷和设计标准统一配置要求是导致很多城市经常发生道路积水的主要原因。在采用暴雨强度公式法进行设计时，由于把降雨历时简单等同于雨水汇流时间，导致雨水主干管排水能力呈“漏斗形”分布，即越靠近雨水干管上游，雨水管段排水能力越强；越接近雨水干管末端，这些管段排水能力越弱。当雨水干管很长且设计坡度较低时，雨水干管下游管段排水能力明显低于设计标准要求。加上系统内所有雨水管设计标准都相同，使得该排水系统面临较高的排水安全风险。另外，积水点与导致积水的瓶颈管段在排水系统内的空间错位也在很大程度上增加了道路积水治理的难度。

找到真正原因才是有效解决道路积水问题的根本，精准施策可实现事半功倍的效果。通过定量分析既有排水系统中不同雨水管排水能力的变化规律，精准识别出影响系统整体排水能力的瓶颈管段，了解清楚积水点与瓶颈管段之间的空间关系，在此基础上才能制定出行之有效的道路积水治理对策。

不同设计方法对城市排水安全和工程投资的影响研究

摘　要：设计方法合理与否直接影响到城市雨水管网的排水能力和排水工程的投资效益。通过对比分析按不同设计方法构建的排水系统中雨水管排放能力的变化和雨水管管径构成，可定量评估设计方法对雨水管网系统排水能力和工程投资的影响。按现有设计方法即暴雨强度公式法构建的排水系统，雨水支管排水能力远远超过设计标准要求，而个别雨水干管排水能力则低于设计标准要求，使系统面临一定的排水安全风险。按新设计方法即等降雨强度法构建的排水系统，由于所有雨水管排水能力与系统设计标准相匹配，排水安全能得到很好保障。在工程投资方面，等降雨强度法对应的工程投资要低于暴雨强度公式法对应的工程投资。

关键词：暴雨强度公式法；等降雨强度法；设计标准；排水能力；工程投资

1 引言

对于城市排水工程，雨水管设计方法科学与否直接关系到城市的排水安全，影响排水工程建设投资的合理性。长期以来，我国一直采用暴雨强度公式法来指导雨水管网的设计和建设。该方法有一定的应用范围要求，当超出其合理应用范围时，会对城市排水安全和工程投资造成不利影响。为规避现有设计方法存在的缺陷，本研究提出一种新的雨水管设计方法即等降雨强度法，并就两种设计方法对雨水管网系统整体排水能力和工程投资的影响进行了对比研究。

2 不同设计方法基本特征对比分析

雨水管设计流量以及雨水管管径的选取是根据以下公式进行计算得出：

$$Q=\psi\cdot q\cdot F \tag{1}$$

从式 1 可以看出，对于同一个雨水管网系统，不同设计方法的主要区别在于雨水管降雨强度（q）的选取方式。在本文研究中，根据降雨强度的选取方式，雨水管设计方法可分为暴雨强度公式法和等降雨强度法。

2.1 暴雨强度公式法

当前，我国采用的雨水管设计方法为暴雨强度公式法，在该方法中，雨水管降雨强度是通过暴雨强度公式计算得出。式 2 是上海市旧版暴雨强度公式，由公式可知，当设计重现期（P）确定后，排水系统内不同雨水管的降雨强度值并不相同，其大小还与雨水管对应的汇流时间（t）有关，两者呈反比关系。

$$q=\frac{1575(1+0.719\lg P)}{(t+5.54)^{0.6514}} \tag{2}$$

根据既有研究分析结果，汇流时间又与排水系统形状、雨水管设计坡度、管道长度、折减系数等因素有关。因此，当采用暴雨强度公式法时，影响雨水管降雨强度的因素比较多，尤其是对于汇水范围较大且地势比较平坦的排水系统，采用该设计方法会出现雨水支管与雨水干管排水能力相差悬殊的情况。

2.2 等降雨强度法

等降雨强度法的基本特征是排水系统内所有雨水管对应的降雨强度都相同，其大小仅与设计重现期有关，与雨水管对应的汇流时间、汇水面积、管道长度、设计坡度、折减系数等因素无关。

在该方法中，雨水管降雨强度为指定设计重现期下对应的最大小时降雨量。2022 年 6 月 28 日，住房和城乡建设部、国家发展改革委和中国气象局联合发文，要求各级住房和城乡建设（排水）等主管部门规范雨水管渠设计标准和内涝防治标准表述，在确定和发布本地区雨水管渠设计标准、内涝防治标准时，不宜简单表述为“× 年一遇”，要将“× 年一遇”转换为单位时间内的降雨量毫米数，其中，雨水管渠设计标准转换为“× 毫米 / 小时”，而等降雨强度法中雨水管降雨强度的表述方式与文件要求完全吻合。

不同设计标准对应的小时降雨量可通过暴雨强度公式与设计雨型推导得出。目前，很多城市已编制或修订了暴雨强度公式，一些城市已建立本地的设计雨型，从而为推求不同重现期下小时降雨量奠定了很好的基础。表 1 是上海市地方标准《暴雨强度公式与设计雨型标准》DB31/T 1043—2017 确定的不同重现期对应的最大小时降雨量，根据小时降雨量可换算出与暴雨强度公式法表述相同的降雨强度。如上海市 1 年一遇对应的小时降雨量为 36.5mm，若采用暴雨强度公式法的表述方式，1 年一遇对应的降雨强度为 101 L/（hm^2·s），两年一遇对应的最大

上海市不同重现期下最大小时降雨量　　表 1

重现期（a）	P=1	P=2	P=3	P=5	P=10	P=20	P=30	P=50	P=100
H（mm）	36.5	45.7	51.2	58	67.3	76.6	82	88.8	98.1

降雨强度为 127 L/（$hm^2 \cdot s$）。

3　不同设计方法中降雨强度的变化特征

3.1 不同设计方法中影响降雨强度的因素

根据上述分析，当采用暴雨强度公式法时，相同设计标准下，雨水管降雨强度还与对应的汇流时间有关。根据汇流时间构成，不同雨水管降雨强度直接或间接与汇水面积、管道长度、管道设计坡度、折减系数等因素有关。

当采用等降雨强度法时，相同设计标准下，排水系统内所有雨水管的降雨强度都相同，其大小与雨水管对应的汇流时间、汇水面积、管道长度、设计坡度等因素无关。

3.2 不同设计方法中降雨强度变化趋势对比

图 1 是设计标准为 P=1a 时，分别根据两种设计方法计算得出的雨水管降雨强度随汇流时间的变化情况。由图可知，按等降雨强度法设计计算的排水系统中，所有雨水管对应的降雨强度为一恒定值，不随汇流时间的变化而变化。按暴雨强度公式法设计计算的排水系统中，雨水管段对应的降雨强度是随汇流时间的增加而不断递减。

根据两种设计方法中雨水管降雨强度随汇流时间的变化趋势，当雨水汇流时间较短时，按暴雨强度公式法推求的雨水管降雨强度明显大于等降雨强度法；随着汇流时

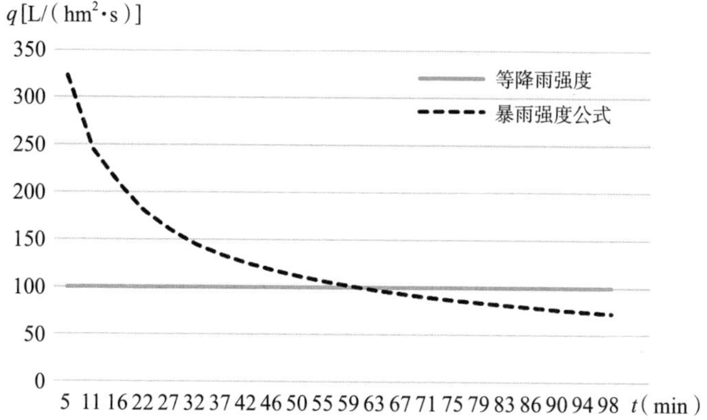

图 1 不同设计方法中降雨强度随汇流时间的变化情况（P=1a）

间的增加，两种方法计算得出的降雨强度差异越来越小；当汇流时间等于某个阈值时，两种设计方法计算得出的降雨强度相同。一旦雨水管对应的汇流时间超过该阈值，两种设计方法得出的降雨强度值开始出现反转，即按暴雨强度公式法计算得出的降雨强度小于等降雨强度法对应的降雨强度，且随着汇流时间的持续增加，两种方法计算结果差值越来越大。

4 不同设计方法对排水安全的影响

4.1 对设计径流量的影响

由于两种设计方法中雨水管降雨强度的变化趋势有着明显不同，导致相同汇水面积计算得出的设计径流量也有所不同，图 2 是采用两种设计方法计算得出的案例

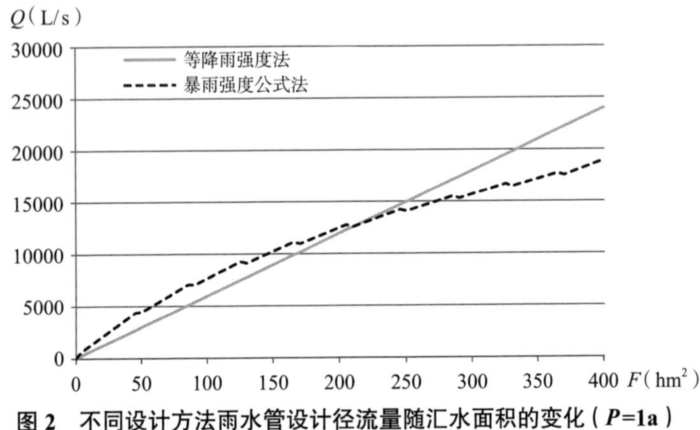

图 2　不同设计方法雨水管设计径流量随汇水面积的变化（*P*=1a）

排水系统中雨水主干管不同管段设计径流量与汇水面积的变化情况。

在等降雨强度法中，当设计重现期确定后，排水系统中所有雨水管降雨强度为一固定值，结果是雨水管设计雨量大小仅与汇水面积有关，两者呈绝对的线性关系。在暴雨强度公式法中，当设计重现期确定后，不同管段对应的设计雨量不仅与汇水面积有关，还与该管段对应的降雨强度有关，雨水管设计雨量与汇水面积两者之间并不呈线性关系。

通过以上分析对比，对于系统中的同一雨水管段，两种方法计算得出的设计雨量是不同的，继而影响到雨水管管径的选取。当汇流时间较短时，按暴雨强度公式法计算得出的径流量明显大于等降雨强度法，按前者计算结果选取的雨水管管径明显大于后者；当雨水管对应的汇流时间较长时，按暴雨强度公式法计算得出的径流量则小于等降雨强度法，按前者计算结果选取的雨水管管径则小于后者。

4.2 不同设计方法对系统排水安全的影响

根据以上分析，在相同设计标准下，不同设计方法构建的同一个排水系统内雨水管道对应的降雨强度即排水能力存在明显差异。图 3 是分别按暴雨强度公式法和等降雨强度法构建的排水系统中不同雨水管段排水能力的变化示意图。由图可以直观看出，在暴雨强度公式法构建的排水系统中，上中下游雨水管段对应的排水能力相差很大，呈“倒锥体”变化趋势，即上游雨水支管排水能力很强，而下游雨水干管排水能力很弱，系统整体排水能力与设计标准无法匹配。

在等降雨强度法构建的排水系统中，上中下游雨水管段对应的排水能力完全相同，呈“等柱体”变化趋势，系统整体排水能力与设计标准能很好匹配。

4.2.1 等降雨强度法对系统排水安全的影响

根据等降雨强度法的特点，当设计标准确定后，系统内所有雨水管的降雨强度都相等。按此方法构建的雨水系统，不论是位于上游的雨水支管还是位于下游的雨水干管，其排水能力均可满足系统设计标准要求。由于系统整体排水能力与设计标准相吻合，系统排水安全能得到很好保障。

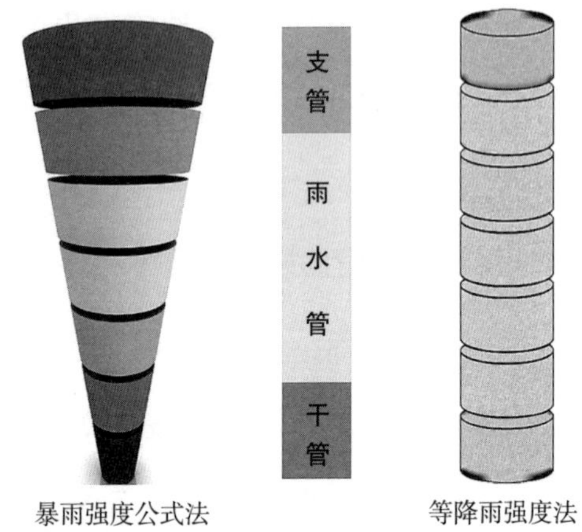

图 3 两种设计方法不同雨水管段排水能力变化示意图

4.2.2 暴雨强度公式法对系统排水安全的影响

按暴雨强度公式法构建的雨水系统，雨水支管因其汇流时间较短而具有很高的降雨强度，其排水能力远远超过系统设计标准要求；雨水干管因其汇流时间长而对应较低的降雨强度，其排水能力不能满足系统设计标准要求。由于系统内雨水支管排水能力很强，收集到的雨水径流会快速排泄到下游管段，进一步加剧了下游雨水干管的排水压力。

在按暴雨强度公式法构建的案例排水系统中，占管网总长度 90% 以上的雨水管其排水能力可以满足系统设计标准要求，尤其是雨水支管排水能力很强，可满足 20～50 年一遇设计标准。与此同时，系统中仍有不到 10% 的雨水管，其排水能力低于设计标准要求，这些雨水管段均是位于系统下游的雨水干管，这些关键管段成为制约系统整体排水能力的瓶颈管段，使系统面临一定的排水安全风险。

5 不同设计方法对工程投资的影响

为直观了解两种设计方法对工程投资的影响。本研究采用以下案例排水系统来进行实证研究。案例排水系统形状为长方形，长 4000m，宽 1000m，雨水管总长度 28.76km。主要设计参数为：雨水支管设计坡度取 0.002，雨水干管（$F>40hm^2$）取 0.001，径流系数取 0.6。

按照不同方法计算得出的设计雨量分别选取案例排水系统中雨水管的管径，可以看出两种方法对应的雨水管断面尺寸构成存在很大的差异，从而影响到雨水管网工程的投资规模。图 4 分别是根据暴雨强度公式法和等降雨强度法计算得出案例系统中不同雨水管的管径情况。

根据统计结果，按暴雨强度公式法构建的排水系统中，93% 雨水管管径要大于按等降雨强度法得出的管径，尤其是雨水支管管径，前者明显大于后者；对于雨水主干管，两种方法得出的管径相差不多。只有不到 3%（总长度为 800m）雨水主干管按等降雨强度法得出的管径大于按暴雨强度公式法得出的管径。

图 5 是采用两种设计方法构建的雨水系统中，不同管径雨水管长度占管网总长度的比例情况。从图中得知，在

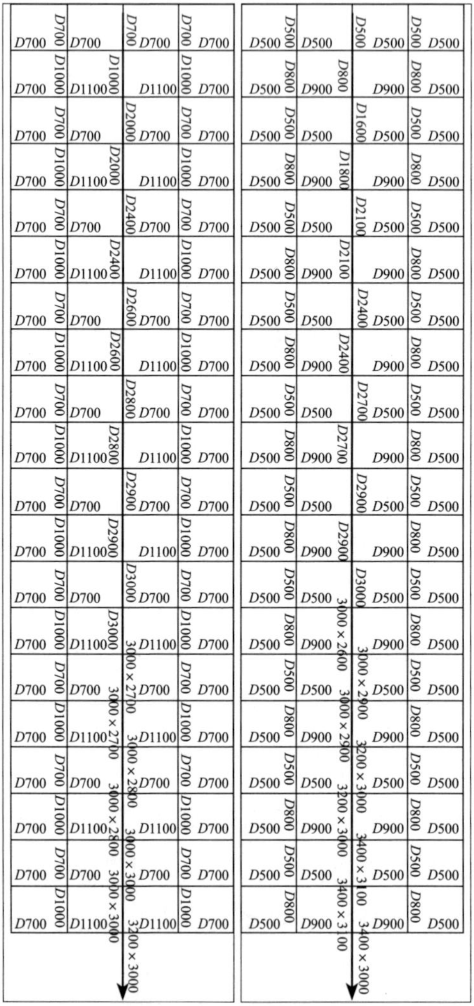

图 4　暴雨强度公式法（左）和等强度法（右）管径计算图（*P*=1a）

相同设计重现期下，按等降雨强度法构建的排水系统中，小管径雨水管总长度占比远大于暴雨强度公式法。

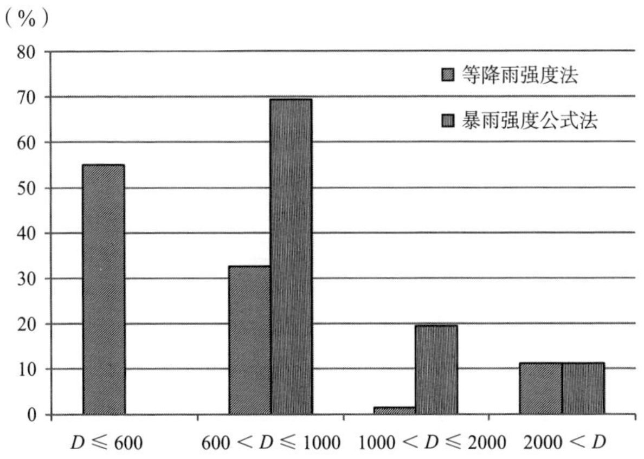

图 5　两种设计方法中不同管径雨水管长度占比（*P*=1a）

当设计重现期为 1 年一遇时，按等降雨强度法构建的案例排水系统中，雨水管管径小于等于 600mm 的管道长度占系统管道总长度的一半以上（55%），管径小于等于 1000mm 的管道长度占比为 87%，管径大于 1000mm 的管道长度占比不超过 13%。当采用暴雨强度公式法时，系统中除极少数雨水干管管径小于等降雨强度法外，绝大多数雨水管管径都大于等降雨强度法。其中所有管道的管径都大于 600mm，管径小于 1000mm 的管道长度占比为 70%，低于等降雨强度法的 87%；管径大于 1000mm 的管道长度占比超过 30%，明显高于等降雨强度法的 13%。

根据两种设计方法得出的雨水管网工程量，按照相关建设指标可估算出不同方法对应的工程投资。根据投资估算结果，当设计标准为 1 年一遇时，按等降雨强度法设计的案例排水系统工程投资比暴雨强度公式法节省 15.1%；具体表现在每公里雨水管道节省 27.1 万元。当设计标准为 2 年一遇时，等降雨强度法比暴雨强度公式法节省工程投资 20.9%，具体表现在每公里节省 42.7 万元。

当设计标准为 3 年一遇时，等降雨强度法比暴雨强度公式法节省工程投资 23.6%；当设计标准为 5 年一遇时，等降雨强度法比暴雨强度公式法节省工程投资 28.7%。即系统选取的设计标准越高，等降雨强度法节省的工程投资越大。

由于我国雨水管网以及相关排水设施量大面广，因此设计方法的合理选取对工程投资影响巨大。以 2019 年为例，全国城市新建雨水管（包括合流管）约 3.2 万 km，若把研究成果推广到全国城市（不包括县城和乡镇），可取得显著的经济效益。

当设计重现期为 1 年一遇时，等降雨强度法比暴雨强度公式法每年节省工程投资 98 亿元；当设计重现期为 2 年一遇时，等降雨强度法比暴雨公式法每年节省工程投资 150 亿元。

6 结论

科学合理的设计方法，不仅能保障雨水管网系统的排水安全，而且可节省大量的工程投资。

在排水安全方面，按暴雨强度公式法构建的排水系统，雨水管排水能力与系统设计标准不匹配，其中雨水支管排水能力很强，远超过设计标准要求；一些雨水汇流时间较长的雨水干管排水能力低于设计标准要求，使排水系统存在安全隐患。按等降雨强度法构建的排水系统，所有管道排水能力均能满足设计标准要求，即系统整体排放能力与设计标准相匹配，系统排水安全可得到较好保障。

在工程投资方面，暴雨强度公式法对应的工程投资明显高于等降雨强度法，且随着系统设计标准的提高，工程投资增加的幅度也越来越大。由于我国城市每年新建雨水管网工程量很大，若能采用等降雨强度法来指导城市雨水管网的规划建设，每年可节省上百亿的工程投资。

城市现状雨水管网工程建设水平评价

摘　要：长期以来，由于缺乏科学的评判标准和手段，导致对我国现状雨水管网的真实建设水平存在误判。本文通过研究暴雨强度公式法的基本特征，并与等降雨强度法进行定量对比分析，研究结果发现，按暴雨强度公式法构建的排水系统中，不同雨水管道排水能力或建设水平相差很大，设计标准无法真正反映其实际建设水平。在既有排水系统中，绝大部分管网建设标准高于设计标准，尤其是雨水支管的建设标准非常高，而极少数汇流时间较长的雨水干管建设标准偏低，其排水能力不能满足设计标准要求。客观了解我国城市既有雨水管网的真实建设水平，精准识别出排水系统存在的短板，有助于制定出行之有效的现状雨水管网提标改造方案。

关键词：汇水面积；汇流时间；设计标准；排水能力；建设水平

1 引言

近年来，随着一些大城市相继发生道路积水，社会各界把其原因主要归咎于现有雨水工程建设标准偏低所致，为此采取了包括修订暴雨强度公式、全面提高雨水管网设计标准等措施。由于对道路积水成因和城市既有雨水工程的实际建设水平存在误判，进而影响到当前一些措施的实施效果。以提高城市雨水管网建设标准为例，该措施虽然在一定程度上提升了雨水系统的排放能力，但付出的代价是排水工程建设规模和投资的显著增加，而系统中个别雨水管段排放能力不足的问题并没有得到根本解决，排水安全隐患依然存在。

我国城市既有雨水管网系统基本上都是采用暴雨强度公式法进行设计与建设的。通过分析研究按该方法构建的排水系统中降雨强度随汇流时间的变化规律，并与不同设计重现期下等降雨强度法对应的降雨强度进行对比研究，可以得出既有排水系统中不同排水能力雨水管的时空分布与长度占比情况，从而可以定量评价雨水管网的真实建设水平。

2 对现状管网建设标准的不同认知

2.1 现状雨水管设计标准

我国城市雨水管设计标准选取的主要依据为《室外排水设计规范》，与国外城市设计标准相对稳定不同，该规范自颁布以来，先后进行了多次修订，且新版规范确定的设计标准一般要高于上版规范确定的设计标准。经过多次调整，使得雨水管的设计标准得到不断提高，与国外城市的设计标准差距也越来越小，如 2014 年版《室外排水设计规范》确定的大城市重要地区设计标准为 5～10 年一遇，已达到或接近欧美城市的设计标准。表 1 是根据不同版本设计规范整理得出的设计标准情况。

不同版本规范确定的雨水管道设计标准　　表 1

<table>
<tr><th colspan="2" rowspan="2">“规范”版本</th><th colspan="2">设计重现期（年）</th></tr>
<tr><th>一般地区</th><th>重要地区</th></tr>
<tr><td colspan="2">TJ 14—1974</td><td>0.33～2</td><td>0.33～2</td></tr>
<tr><td colspan="2">GBJ 14—1987</td><td>0.5～3</td><td>2～5</td></tr>
<tr><td colspan="2">GB 50014—2006</td><td>0.5～3</td><td>3～5</td></tr>
<tr><td colspan="2">GB 50014—2011</td><td>1～3</td><td>3～5</td></tr>
<tr><td rowspan="3">GB 50014—2014</td><td>特大城市</td><td>3～5</td><td>5～10</td></tr>
<tr><td>大城市</td><td>2～5</td><td>5～10</td></tr>
<tr><td>中小城市</td><td>2～3</td><td>3～5</td></tr>
</table>

构建完善的城市雨水管网系统需要一个漫长的过程，而不同时期建设的雨水管必须满足当时规范确定的设计标准，且一般选取规范确定的最低设计标准。受设计标准不断调整的影响，导致我国城市不同年代建设的雨水管设计标准并不相等。如 1987 年版规范颁布之前，当时执行规范确定的雨水管最低设计标准为 0.33 年一遇，因此，在此阶段建设的雨水管设计标准多为 0.33 年一遇。在 1987

年版规范颁布之后，2011 年版规范颁布之前 20 多年期间建设的雨水管，其设计标准多为 0.5 年一遇。以此类推，2011～2014 年期间建设的雨水管设计标准多为 1 年一遇，2014 年以后建设的雨水管其设计标准则为 2～3 年一遇。设计标准的不断调整，可能造成同一个排水系统内不同雨水管设计标准不一致的情况。

由此可见，我国城市现状雨水管因建设年代不同而具有不同的设计标准。如苏州市，现状雨水管的设计标准从中华人民共和国成立后的 0.33～0.5 年一遇，逐步提高到 1～3 年一遇，目前，城市中心区现状雨水管设计标准基本为 1 年一遇。又如北京市，2000 年前雨水管道设计标准一般采用 0.5～2 年一遇；2004 年修订的《北京城市总体规划（2004—2020 年）》要求一般地区雨水管重现期采用 1～3 年一遇，重要干道、重要地区或短期积水能引起严重后果的地区，重现期宜采用 3～5 年一遇，特别重要地区重现期采用 5～10 年一遇。但在实际实施过程中，一般都采用规范规定的下限值作为雨水管道设计标准，即一般地区雨水管道设计标准采用 1 年一遇，重要地区采用 3 年一遇。

总体而言，新建地区现状雨水管网设计标准普遍高于老城区的雨水管网设计标准，大城市和特大城市现状雨水管设计标准相对高于中小城市设计标准。如直辖市现状雨水管设计标准普遍为 1 年一遇，省会城市等大城市普遍为 1 年一遇左右，一般城市普遍为 0.5～1 年一遇。

综上所述，我国城市现状管网的设计标准低于国外主要城市的设计标准，规划新建雨水管网设计标准与国外设计标准差距逐渐缩小，其中大城市重要地区的设计标准已接近国外城市设计标准。表 2 是北京市现状管网设计标准与国外主要城市设计标准的对比情况。

世界主要城市雨水管道设计标准 **表 2**

城市	纽约	伦敦	巴黎	瑞士	东京	北京
设计标准（年）	10～15	5	5	10	3	1（3）

2.2 模型软件评估的结果

为科学评估城市现状雨水管网的排水能力和实际建设水平，找出路面发生积水的原因，相关排水规范和设计指南都提出了使用模型软件对城市既有排水管网排水能力进行模拟评估的要求。例如，2011 年版《室外排水设计规范》GB 50014—2006 第 3.2.1 条提出，“有条件的地区，雨水设计流量也可采用数学模型法计算”。此后，很多城市特别是大城市相继采用模型软件对城市现状雨水管的排水能力进行评估。

在使用水力模型软件进行评估时，需要输入符合当地实际情况的降雨雨型等相关模型参数，而我国绝大部分城市尚未发布可供参考的降雨雨型等资料。由于降雨雨型等重要资料的缺失，在使用模型软件对现状管网排水能力进行评估时，产出结果的精度和准确度会受到很大影响，导致模型软件评估结果与雨水管网的设计标准和实际排水能力存在较大偏差。

根据模型软件评估结果，有很多城市一半以上的现状雨水管网的排水能力小于 1 年一遇。表 3 是成渝地区主要城市现状雨水管网排水能力的模型评估结果，从表中可以看出，在这些城市中 22%～75% 不等的现状雨水管其排水能力低于 1 年一遇。

成渝地区主要城市模型评估结果　　　　表 3

城市	排水能力小于 1 年一遇比例（%）
重庆	25.6
成都	22
绵阳	35.9
遂宁	49.8
广元	75.4
泸州	60
广安	62.5
西昌	65
内江	22.4
宜宾	32.8

由模型软件评估结果可以看出，我国很多城市现状雨水管网排水能力明显低于设计标准要求，若以此为依据，极易得出现状雨水管网建设标准低是导致道路积水主要原因的结论。

2.3 现状管网的实际排水能力

在社会各界普遍认为现状管网建设标准低的同时，根据多个城市雨水管网在降雨过程中的实际运行状况以及排水部门的现场反馈，在遭遇超出雨水管设计标准降雨时，城市道路发生积水的范围和影响程度远远低于模型软件的评估结果，现状雨水管网的实际排水能力也明显大于系统选取的设计标准，即现状雨水管网具有很强的排放能力。

3 既有排水系统雨水管排水能力定量评估

为直观了解按暴雨强度公式法设计构建的排水系统中不同雨水管段的排水能力的时空分布情况，以图 1 所示雨水系统作为工程案例，来定量研究城市既有雨水管网系统的真实建设水平。

案例排水系统形状为长方形，长 4000m，宽 1000m，管道总长度 28760m。主要设计参数为：雨水支管设计坡度取 0.002，雨水干管（$F > 40\text{hm}^2$）取 0.001，折减系数

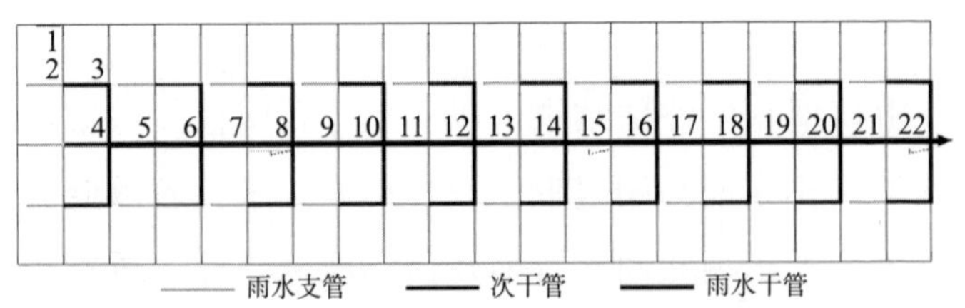

图 1　案例排水系统雨水管网布局示意图

取 2，径流系数取 0.6。

3.1 不同设计方法降雨强度变化对比

图 2 和图 3 分别是按两种设计方法计算得出的案例排水系统雨水主干管降雨强度随管道长度和汇水面积的变化情况。

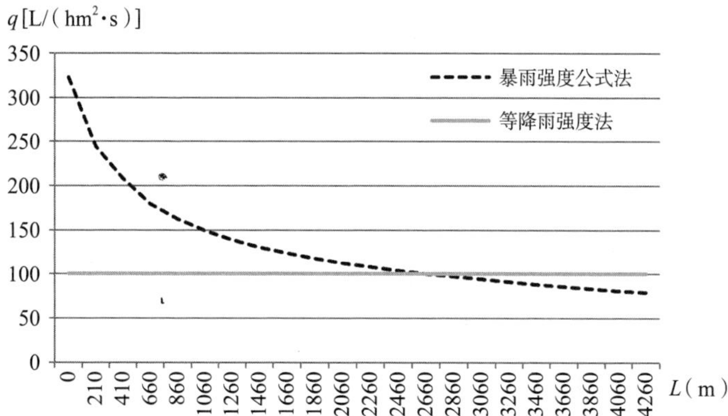

图 2　不同设计方法雨水管降雨强度随管道长度的变化（P=1a）

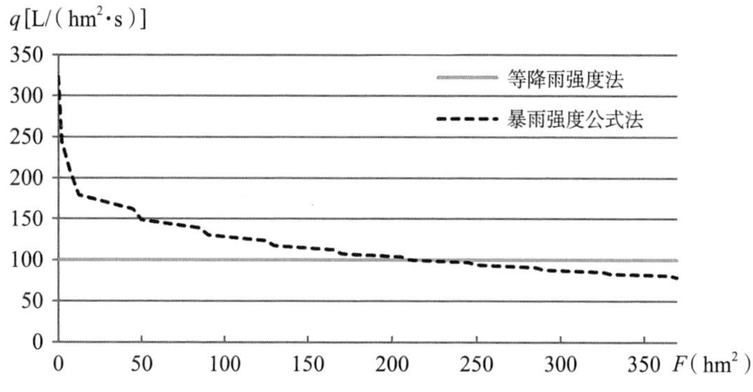

图 3　不同设计方法雨水管降雨强度随汇水面积的变化（P=1a）

从图可以看出，当设计重现期确定后，暴雨强度公式法中雨水主干管上下游不同管段对应的降雨强度是不同的，是随着管道长度或汇水面积的增加而不断降低。

在等降雨强度法中，上下游雨水管道对应的降雨强度始终保持不变，其大小仅与设计重现期有关，与管道长度和汇水面积大小无关。

3.2 雨水管网排水能力随汇流时间的变化情况

图 4 分别是暴雨强度公式法（P=1a）和等降雨强度法不同设计重现期设计雨强随汇流时间变化的对比情况。由图可知，对于等降雨强度法，当设计重现期确定后，雨水管降雨强度值始终保持一条水平线，其大小不受雨水汇流

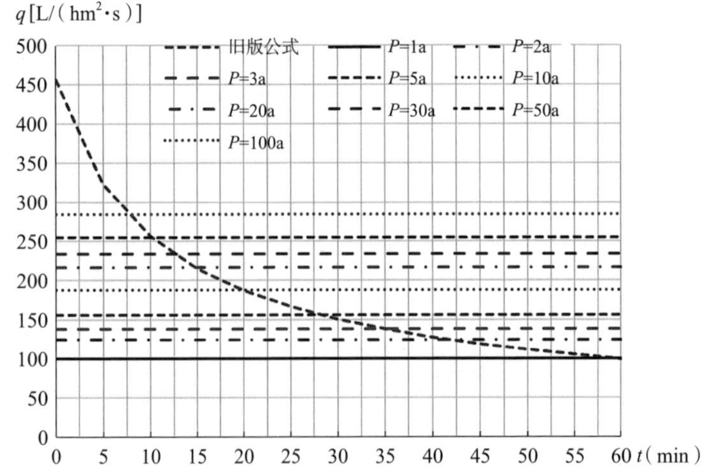

图 4　暴雨强度公式法（*P*=1a）和等降雨强度法不同设计标准雨强随汇流时间的变化

时间等因素的影响。在暴雨强度公式法中，雨水管暴雨强度大小不仅与设计重现期有关，还与雨水管渠对应的汇流时间有关。

通过计算按暴雨强度公式法中不同汇流时间雨水管段对应的降雨强度，并与等降雨强度法不同设计重现期对应的降雨强度进行比较，可以得出案例排水系统中不同汇流时间雨水管段对应的排水能力（或建设标准）。

当设计重现期为 1 年时，按暴雨强度公式法设计构建的排水系统中不同汇流时间雨水管道对应的排水能力如下：

当雨水管对应的汇流时间 $t \leqslant 15$min，其排水能力可达到 20 年一遇以上设计标准；

当雨水管对应的汇流时间 $t \leqslant 30$min，其排水能力可满足 3 年一遇以上设计标准；

当雨水管对应的汇流时间 $t \leqslant 60$min，其排水能力可满足 1 年一遇设计标准；

当雨水管对应的汇流时间 t=90min，其排水能力为 0.59 年一遇，低于系统设计标准要求；

当雨水管对应的汇流时间 t=120min，其排水能力仅为 0.36 年一遇，明显低于系统设计标准（P=1a）要求。

根据上述分析，在设计标准为 1 年一遇的同一个排水系统内，上下游雨水管排水能力相差悬殊，即设计标准并不能真正反映或代表排水系统的整体排水能力或建设水平。

3.3 不同排水能力雨水管道空间分布情况

图 5 是当设计重现期为 1 年一遇，按暴雨强度公式法构建的案例排水系统中，不同排放能力雨水管的空间分布。系统中不同汇水面积雨水管对应的排水能力如下：

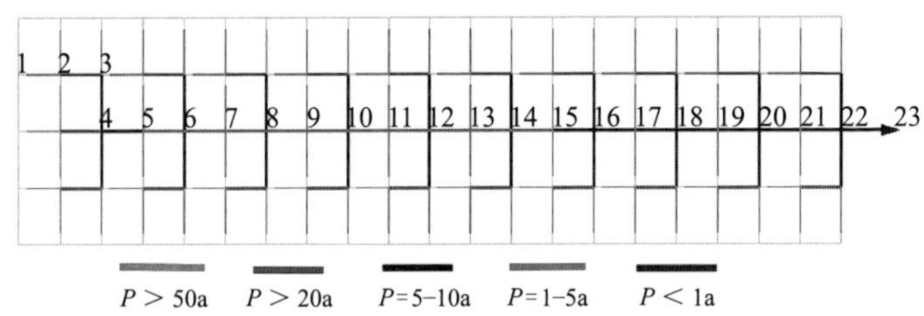

图 5 案例排水系统中不同排水能力雨水管的空间分布情况

汇水面积小于等于 2.5hm^2 的众多雨水支管，其排水能力很强，可以满足 50 年一遇设计标准要求；

汇水面积小于等于 7.5hm^2 的雨水管，其排水能力可以满足 20 年一遇设计标准要求；

汇水面积大于 7.5hm^2，小于等于 12.5hm^2 的雨水管，排水能力可满足 5～10 年一遇设计标准要求；

汇水面积大于 12.5hm^2，小于等于 210hm^2 的雨水管，其排水能力可以满足设计标准 1～5 年一遇要求；

当雨水管汇水面积大于 210hm^2 时，其排水能力低于系统设计标准（P=1a）要求。

3.4 不同排水能力雨水管道占比情况

图 6 是采用暴雨强度公式法构建的 P=1a 案例排水系统中，不同排放能力雨水管长度占系统管道总长度的比例情况：

55% 雨水管排水能力可满足 50 年一遇设计标准要求；

70% 雨水管排水能力可满足 20 年一遇设计标准要求；

88% 雨水管排水能力可满足 5 年一遇设计标准要求；

91% 雨水管排水能力可满足 2 年一遇设计标准要求；

94% 雨水管排水能力可满足设计标准（P=1a）的要求。

在案例该排水系统中，并不是所有雨水管道的排水能力都能满足系统设计标准要求，仍有占总长度约 6% 的下游雨水干管其排水能力低于系统设计标准（P=1a）要求，

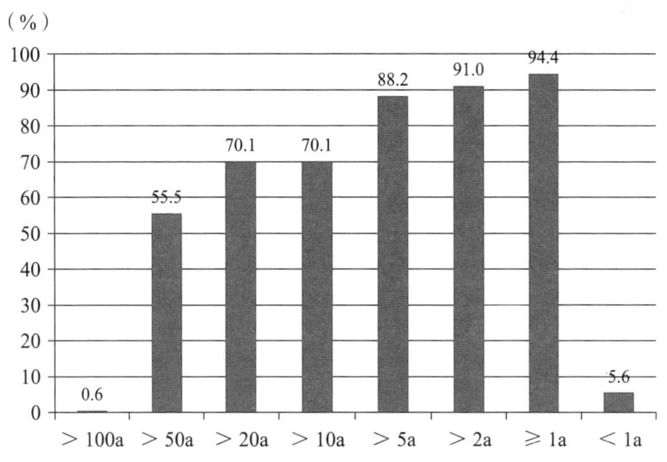

图 6　案例排水系统中不同排放能力雨水管长度占比（P=1a）

其排水能力只能满足 0.55～0.92 年一遇的设计标准。

4 现状雨水管网建设水平评价

我国现状雨水管网几乎都是采用暴雨强度公式法进行设计构建的，根据上述分析研究结果，按此方法构建的排水系统，不同雨水管的排水能力与系统设计标准不相匹配，即系统选取的设计标准并不能准确反映雨水管网系统的实际排放能力和建设水平。

在同一个城市，按相同设计标准构建的不同排水系统，其整体排水能力或建设水平差异很大。对于汇水范围较小、雨水管汇流时间较短的排水系统，其整体排水能力大于设计标准要求，该系统的整体建设标准大于设计标准；对于汇水范围较大、雨水管汇流时间较长的排水系统，其整体排水能力较低，不能满足设计标准要求，该系统中有个别雨水管建设标准低于设计标准。

现状雨水管网的真实状况是建设标准过高与建设标准偏低共存，雨水管网排水能力呈现出明显的“强支弱干”特征。表现为整体建设标准偏高，即绝大部分现有雨水管网的实际排水能力或建设标准大于系统设计标准要求，尤其是雨水支管建设标准很高；同时，对于个别汇流时间较长的雨水干管排水能力偏低，低于系统设计标准要求。

4.1 既有排水系统整体建设标准偏高

当排水系统汇水面积较小或雨水管对应汇流时间较短时，因所有雨水管的排水能力都大于系统设计标准要求，使得系统的整体排水能力能够满足设计标准要求。对于一般排水系统，一半以上的雨水管其排水能力可以满足20年一遇设计标准要求，如果考虑雨水管压力流排放时的排水余量，这些管道排水能力可以满足20年一遇及以上设计标准要求。即我国城市大部分现状雨水管建设标准不是偏低，而是偏高，甚至高于欧美国家城市雨水管的建设标准。

4.2 雨水支管建设标准过高

对于在城市排水系统中占管道总长度比例最高的雨水支管，其排水能力一般可以满足20～30年一遇设计标准要求。即现状雨水支管建设标准过高，排水能力过强，选取的管径过大，造成不必要的工程投资浪费。

4.3 个别雨水（干）管建设标准偏低

对于汇水面积大或对应汇流时间长的雨水干管，因对应较低的降雨强度，导致计算设计雨量和选取的管径偏小，管道排水能力不能满足系统设计标准要求，这些位于系统下游地区的少数雨水管段成为制约系统整体排水能力的瓶颈管段。

5 小结

目前，对城市既有排水系统的实际运行状况缺乏客观了解，严重低估了现状雨水管网的排水能力和实际建设水平，并影响到对道路积水原因的识别和治理措施的实施效果。

设计标准并不能真正代表和准确反映雨水管网系统的实际建设水平。相同设计标准下，不同排水系统对应的整体排水能力即建设水平差异很大；对于汇水范围较小、雨水管汇流时间较短的排水系统，其整体排水能力明显大于设计标准要求，即系统对应较高的建设水平；对于汇水范围较大、雨水管汇流时间较长的排水系统，其整体排水能力则低于设计标准要求。对于同一个排水系统，上中下游不同雨水管道排水能力即建设水平相差也非常大，其中雨水支管建设标准很高，而下游雨水干管建设标准相对较低。

总体而言，我国城市现状排水系统的实际状况是建设标准过高与建设标准偏低共存，具体表现为绝大部分雨水管建设标准明显高于系统设计标准，尤其是雨水支管建设标准很高；同时，有少部分雨水干管建设水平偏低，其建设标准低于系统设计标准，这些瓶颈管段的短板效应影响到系统的整体排水能力和建设水平。

鉴于我国城市现状雨水管整体建设标准比较高、仅有部分雨水干管建设标准偏低的事实，在治理道路积水等排水问题时，应避免对现有雨水管网进行大规模的提标扩建，在客观了解现状管网实际建设水平和准确识别出瓶颈管段的基础上，科学制定排水设施的改造方案。

城市排水系统的困局与重构（一）

摘　要：现有雨量计算方法即雨水管设计方法的超范围应用、排水系统内管网设计标准与排水能力不匹配是造成城市排水问题的主要原因。全面提高雨水管网设计标准不仅不能彻底解决城市道路积水问题，还会明显增加排水工程的投资规模。结合排水工程基本特征、排水管网建设现状，为有效应对城市排水问题，需要严格限定雨量计算方法的应用范围，合理配置排水系统不同设施的建设标准，确保城市排水系统的整体排水能力满足设计标准要求。

关键词：雨水管道；排水系统；设计重现期；暴雨强度

1 引言

近年来，很多城市都相继遭遇道路积水和内涝灾害的影响，社会各界包括业内人士都把内涝的主要原因归咎于现有城市排水系统，认为现状雨水管网建设标准低是造成城市排水问题的罪魁祸首，并由此掀起城市排水工程设计标准规范修订和雨水管网提标改造的序幕。经过多次修订和调整，雨水管渠设计标准较以前有了明显的提高。毫无疑问，标准提高在一定程度上提升了雨水管网的排水能力，但付出的代价是排水工程建设规模和投资的显著增加，而人们最关心的道路积水和内涝问题却依然没有得到解决。这种困局出现的主要原因是排水系统不完善、超范围应用现有雨量计算方法（即暴雨强度公式法）导致排水管网建设标准与排放能力不匹配，从而严重影响排水系统的整体排水能力。因此，把当前城市排水问题完全归咎于现有排水工程建设标准低是片面的，是不客观的。

通过对城市现有雨水管网实际建设水平的分析，并结合近年来编制的城市排水防涝规划特点和实施效果，为从根本上解决城市排水问题，同时提高排水工程的投资效率，首先要充分了解现有雨量计算方法的特点，应从整个排水系统出发，衔接好上下游排水管网设计标准与排水能力之间的关系；其次调整确定排水工程建设标准的关键因素，合理配置系统内排水管网的建设标准，保证排水系统的整体排放能力能满足设计标准的要求。

2 设计重现期的调整历程

随着城市人口和财富的高度积聚，城市功能的日趋完善，经济实力的提升以及对排水安全要求的提高，城市排水工程的建设标准也在逐步提高。特别是最近几年，修订排水工程规范、不断提高管网设计标准已成为应对城市排水问题的主要措施。

以《室外排水设计规范》(以下简称《规范》)为例，该《规范》进行了多次修改或局部修订，颁布的版本主要有:《室外排水设计规范》TJ 14—1974，《室外排水设计规范》GBJ 14—1987 以及 1997 年版的《室外排水设计规范》GBJ 14—1987。进入 21 世纪以来，又先后进行了四次修改或局部修订，颁布了《室外排水设计规范》GB 50014—2006 以及 2011 年版、2014 年版和 2016 年版《室外排水设计规范》GB 50014—2006。伴随着设计规范的多次修订，雨水管网的设计标准也在不断提高。

在 1974 年版《规范》中，排水管网重现期选用范围一般为 0.33～2.0 年；在 1987 年版《规范》中，重现期的下限值和上限值较上版均有所提高，重现期选用范围为 0.5～3 年；2006 版《规范》基本维持 1987 版规定的设计重现期，即重现期一般采用 0.5～3 年。

2011 年版《规范》对排水管网的设计标准调整较大，取消了 0.5 年的下限值，将一般地区的重现期调整为 1～3 年，同时，对雨水管渠的降雨历时计算也给出了调整建议，提出在经济条件较好、安全性要求较高的地区排水管渠的折减系数 m 取 1 。

2014 年版《规范》对雨水管网设计重现期再次进行了调整，中等城市和小城市设计重现期调整为 2～3 年，大城市为2～5年，超大城市和特大城市为3～5年，并且取消了降雨历时计算公式中的折减系数，这相当于又变相提高了排水管网的设计标准。

通过对建设标准的多次调整，目前，我国城市尤其是大城市雨水管网的建设标准已非常接近欧美城市的建设标准。

3 排水系统主要问题识别

3.1 排水工程规划建设缺乏系统性

在排水工程领域存在重局部排水管网设计、轻排水系统规划构建的现象。主要体现在雨水管网与其他排水设施之间、上游与下游之间缺乏有效衔接；其次是城市排水工程规划的编制往往只考虑本轮规划期和规划范围的发展需求，没有从长远发展和流域协调的角度规划建设城市的排水系统，从而影响到排水工程的系统性和整体性，在不同程度上影响到排水系统的整体排水功能。

鉴于现有排水管网无法有效解决城市的排水问题，一些学者就提出在城市内部再新建一套应对内涝的排水系统，即把城市排水系统人为划分为雨水管网和内涝防治两个部分。这种把城市排水和内涝防治分而治之的做法，在实施过程中存在很大的风险和不确定性，有可能造成排水工程投资大幅度增加、而内涝问题依旧得不到解决的尴尬局面。

3.2 对雨量计算方法特征和使用范围缺乏分析研究

当前，我国还没有制定出适合我国国情的雨量计算方法，一直使用基于苏联时期的雨量计算方法（即暴雨强度公式法）来指导城市雨水工程的设计与建设，并且不重视对该雨量计算方法基本特征和使用范围的分析研究。以排水系统汇水面积为例，该方法仅适用于汇水范围较小的雨水管道的工程设计。但由于没有更好的雨量计算方法加以替代，事实上暴雨强度公式法的使用范围已经非常宽泛，几乎没有任何限定。不论是汇水面积为 1 公顷的小区，还是高达数平方公里的雨水系统都在采用该雨量计算方法。

超范围应用暴雨强度公式法已给我国城市现有排水系统造成很大的不利影响。按此方法构建的排水系统，上游雨水支管排放能力很强，而下游雨水干管排水能力则相对不足，最具代表性的就是“大管接小管”现象。对于一些坡度较小且汇水面积较大的排水系统，应用暴雨强度公式法计算下游干管设计流量时，雨水管设计流量不是随汇水面积的增加而增加，而是随汇水面积的增加而减小，其结果是上游雨水管段计算设计流量大于下游雨水管段计算设计流量的情况，若按计算设计流量直接选取雨水管管径，就会出现上游雨水管管径大于下游雨水管管径的情况。毫无疑问，这些管段将成为整个排水系统的瓶颈，该排水系统在汛期极易发生道路积水现象。通过分析研究多个城市道路积水与排水管网系统的关系，也进一步证实了这一结论。

3.3 标准选取没有体现排水系统的自然属性

目前，在确定排水工程建设标准时存在本末倒置的现象。标准选取忽视了排水系统的自然属性，如汇水面积、设施规模、影响程度等因素，而是把排水设施所在区域的用地性质、建（构）筑物重要程度、道路等级等外部因素作为选取设计重现期的重要条件。在众多版本《规范》中，只有 1974 年版《规范》在确定排水设施设计重现期时考虑了汇水面积这一因素，其他版本规范都没有把“汇水面积”作为选取重现期大小的重要条件。按照现有规划设计规范的规定，不管是汇水面积 1 公顷的雨水支管，还是汇水面积高达几百公顷的雨水主干管，选取的设计标准可能是一样的，甚至可能出现汇水面积小的雨水管却选取较高设计标准的现象。

按照现有雨量计算方法，雨水管对应的暴雨强度是与其服务的汇水面积呈反比关系，汇水面积越小，雨水管对应的暴雨强度越大；反之汇水面积越大，雨水管对应的暴雨强度越小。加上现有规范在选取雨水管网设计标准时又忽略了汇水面积这一关键因素，结果造成系统上下游雨水管网排水能力相差悬殊，具体表现在上游雨水支管排水能力很强，管径普遍偏大，带来管网建设的高投入；而下游雨水干管管径偏小，排水能力严重不足，成为制约整个排水系统排水能力的薄弱环节和瓶颈。

3.4 没有充分考虑标准调整对工程投资的影响

设计标准选定对于排水工程规划建设起着非常重要的作用，它决定着城市排水系统的安全，影响到排水工程的建设规模与投资。在确定新建雨水管网设计标准时，不但要满足相关规范要求，更要考虑现状排水管网的实际建设水平；不仅技术上可行，在经济上也必须合理。

长期以来，我国很少考虑设计标准调整对排水工程投资的影响。一些学者经常拿发达国家城市的排水设计标准和中国进行对比，以强调提高我国城市排水工程建设标准的必要性。但令人担忧的是，却很少考虑我国的具体国情、降雨特征和当地政府的经济承受能力。以伦敦、巴黎和北京为例，虽然这三个城市年降雨量比较接近，但城市间的气候条件差异却很大，降雨特点也明显不同。伦敦和巴黎属于温带海洋性气候，城市年内降雨较为均匀，暴雨很少，即使采用较高的设计标准也不会明显增加排水工程的规模。而北京属于温带季风性气候，年内降雨量极不均衡，85% 的降雨集中在汛期 6～9 月，相同设计标准下对应的降雨强度远高于欧洲城市。如果北京采取和上述两个城市同样的设计标准，排水工程的建设规模和投资将远远高于这些城市。一旦我国所有城市都参照国外城市的设计标准，将造成雨水管网和其他排水设施在年内大部分时间处于闲置和低效状态，并给城市发展带来沉重的财政负担。

通过对近年来编制的城市排水防涝规划进行分析，也验证了设计标准调整对工程投资的影响是非常大的。以北方某城市为例，根据对建成区现状雨水管（*D*400～*D*3000）进行统计分析，小于和等于 *D*1000 的雨水管占到雨水管道总长度的 73%，大于 *D*1000 雨水管道占 27%，其中管径大于 *D*1500 的雨水干管只占 8%。

当使用修订后的暴雨强度公式（取消了折减系数）、采用规范确定的设计重现期计算规划建成区雨水管网时，排水管管径构成与现状相比发生了显著的变化。在规划新建的雨水管中（不包括相当数量的箱涵），管径小于和等于 *D*1000 的雨水管占比仅为 11.8%，管径大于 *D*1000 的雨水管则占到 88% 以上，其中管径大于 *D*1500 管道占比上升到 38%。

现状雨水管和规划雨水管管径构成占比情况见图 1。

由此可见，整体提高排水系统设计标准将造成包括雨水支管、干管以及其他排水设施规模的普遍增加。和现状管相比，规划雨水管管径平均增加了 3～4 个尺寸规格，经初步测算，规划管网单位长度造价比现状管网增加约 67%。由于城市雨水管网和排水设施量大面广，增加的投资规模十分可观，如果扩展到全国层面，增加的投资额度

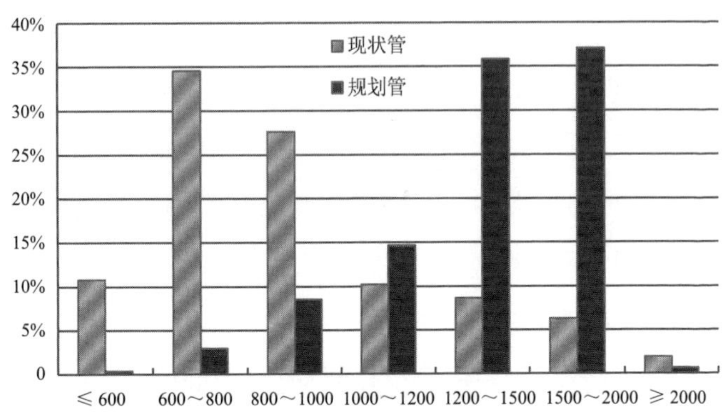

图 1　现状雨水管和规划雨水管管径构成对比

可能是千亿元量级的。

与增加巨额投资形成鲜明对比的是，按新的设计标准建设的城市排水系统其排水能力却没有得到明显的提高。尤其是对于汇水范围较大的排水系统，上下游雨水管排水能力相差依然很大，“大管接小管”现象还可能出现，在遭遇长历时降雨时，下游雨水干管所在地区仍然面临较高的内涝风险。

3.5 缺乏清晰的内涝定义和适用范围

目前，我国还缺乏比较清晰的城市内涝定义和严谨的城市内防防治标准。在 2011 年版《规范》中首次提出了反映排水系统排除地面积水能力的设计重现期，规定重现期一般采用 3～5 年，重要干道、重要地区或短时间积水即能引起严重后果的地区设计重现期应采用 5～10 年，特别重要地区可采用50年或以上。而在2014年版《规范》中，则把反映排除地面积水能力的设计重现期改为内涝防治标准，同时模糊了内涝标准的适用范围，把防涝范围由局部重点地区扩展到整个城市，即不论是系统上游还是下游、一般地区还是重点地区全部执行同一个内涝设防标准。要求中小城市设计重现期要达到20～30年，大城市达到30～50年，超大城市和特大城市达到50～100年。由于内涝防治标准与传统雨水管网设计标准相差很大且两者之间缺乏关联性，加上规范没有提出满足内涝防治要求的建设性措施和实施途径，导致在具体制定内涝防治对策时无所适从，不知道该采取什么手段才能使整个城市达到如此高的内涝设防标准。

4 城市排水系统重构

4.1 合理确定排水系统建设标准

为提高排水工程投资效益，提升排水系统整体排水能力，需要制定与城市排水要求相适应、并能系统指导排水工程建设的设计标准。若继续使用现有雨量计算方法，在确定排水系统内雨水管网建设标准时，应把能体现排水系统自然特征的汇水面积作为确定设计重现期高低的主要因素。为此，排水系统内上下游设计重现期不是固定不变的，应随汇水面积的增加呈有序增加的态势。对于汇水面积很大的排水系统，上下游雨水管网设计重现期变化幅度也会很大，可能由 1 年或不到 1 年持续提高到 5 年、10 年、20 年甚至更高，使系统整体排水能力能满足设计标准要求。

为合理确定排水系统上下游雨水管道的设计标准，需要分析研究汇水面积变化对雨水管暴雨强度即排水能力的影响，并结合排水系统地形特点、系统形状、主干管布置方式等因素，找到指定排水系统雨水管网设计重现期与汇水面积的对应关系。

4.2 合理界定暴雨强度公式适用范围

为避免超范围应用暴雨强度公式法给排水系统造成的不利影响，需要界定该方法的适用范围（降雨历时或汇水面积）。当设计重现期确定后，为使计算雨量相对合理，选取的管径在能满足设计标准前提下，又不造成工程投资的严重浪费，就需要根据排水系统的实际情况，界定出暴雨强度公式法的合理应用范围。以汇水面积指标为例，为满足上述要求，就要求雨水管道汇水面积既不能太大，否则会出现雨水管段排水能力不能满足设计标准的情况，甚至出现“大管接小管”现象。同时，雨水管汇水面积又不能太小，否则会出现雨水管排水能力过强、管径太大，造成工程投资浪费。当汇水面积超出暴雨强度公式法界定范围时，就需要通过采取增减相应管道设计重现期、优化调整系统汇水面积等措施使管道排水能力与设计标准尽可能相匹配。

4.3 优化配置排水系统设计标准

城市排水系统标准并不是越高越好，高标准意味着建造和维护成本高，会造成不必要的浪费。设计标准选取需要在排水安全、工程投资、运营维护之间寻找一个合适的平衡点。应在符合经济合理、安全适用的条件下，合理确定排水系统中不同设施的设计标准。若排水设施标准配置合理、应对措施得当，有限的投资就可以很好解决城市排水问题。

结合排水系统特点，并结合汇水面积与暴雨强度之间的相互关系，为保障排水系统的整体排水能力，避免不必要的投资浪费，建议对排水系统设计标准进行适当的调整。

（1）降低上游雨水支管的设计重现期。目前，规范确定的设计重现期对于排水系统中的雨水支管来说明显偏高，导致管道排水能力过强和工程投资的浪费。从经济合理和排水安全角度考虑，建议把雨水支管的设计重现期降低到 1 年一遇（年多个样法），对排水条件比较好的地区可降到 0.5 年一遇。由于雨水支管数量在排水系统中占有很高的比例，标准降低可以节省大量的工程投资。

（2）合理选择中游排水设施的设计标准。随着排水系统汇水面积的增加，有序提高中游排水设施的设计重现期，发挥在排水系统承上启下的功能，使排水管道的排水能力真正满足实际的排水需求。

（3）大幅提高下游排水干管和其他排水设施的设计标准。提高下游排水设施标准可缓解现有雨量计算方法对系统排水能力造成的不利影响，能明显提升整个排水系统的排水能力，有利于从根本上解决城市面临的排水问题。加上下游排水干管长度在整个排水系统中所占比例很小，设计标准的提升对整个排水系统的工程量和投资规模影响相对较小。

4.4 因地制宜，突出重点

对于现状建成区，要避免对既有排水管网进行大规模的提标扩建。应根据现状排水系统存在问题及其成因，制定相应的系统改善措施，改造的重点应放在排水系统的薄弱环节、重要节点和下游排水设施方面。对于汇水面积过大的排水系统，可通过扩建或新建排水主干管、调整排水分区、缩减排水系统汇水面积等分流措施，减轻原有雨水干管的排水压力。通过对这些局部排水设施进行提标改造，并辅助于增设强排和雨水调蓄设施等措施，可以用较少的投资、在较短的时间内提升既有排水系统的排水能力。

对于规划建成区，除合理配置好上下游雨水管网设计标准外，排水工程建设要充分考虑系统性要求。由于城市排水工程建设是一个漫长的过程，工程量大、投资高、建设周期长，为构建完善的城市排水系统，除要衔接好排水系统内不同环节、不同排水设施、管道与河道、内河与外河之间的关系外，还必须妥善处理好排水现状、近期建设、远期规划以及远景发展的关系，合理安排好建设时序，以维持排水工程的连续性和系统性。

水是不可压缩的，其形状可以任意改变，但体积却是恒定的。为保障城市排水安全，要协调好城市规划建设与排水工程建设的关系，应结合规划用地布局，水系分布、绿地系统、场地竖向等因素划定排水分区，合理安排雨水管网和排放通道；同时，加强对河道、湖泊、湿地、沟塘等受纳水体的保护和利用，在城市内部为雨水预留足够的排放和调蓄空间。

5 结论

雨量计算方法和规划设计理念是否科学合理，不仅影响到城市排水安全，也影响到排水工程的建设规模和投资效益。应尽快制定出适合我国国情的雨量计算方法，以科学指导城市排水工程的规划、设计与建设。

充分了解现有雨量计算方法的特点与局限性，界定出该方法的合理应用范围，避免超范围应用对城市排水系统造成不利影响。

全面提升排水系统设计标准并不能彻底解决城市面临

的排水问题，反而会大幅度增加排水工程的投资规模。应结合排水系统的基本特征和现有雨水计算方法的特点，合理配置排水系统不同设施的建设标准，通过降标与提标相结合，使排水系统整体排放能力真正能满足设计标准要求。

慎重选择现状建成区雨水管网的改造措施，应根据现状排水系统的实际情况、存在问题及其成因，制定出针对性的改造方案和对策。

城市排水系统的困局与重构（二）

1 对城市排水问题的认知与应对措施

近年来，在汛期很多城市尤其是大城市不断发生道路积水的现象已引起社会各界的广泛关注，并着手从不同方面来寻找其原因。在排水工程规划设计领域，业内普遍认为现状雨水管网建设标准低是其主要原因，为此不断提高设计标准已成为应对城市排水问题的重要举措。以《室外排水设计规范》(以下简称《规范》) 为例，该《规范》自颁布以来多次进行了修订，进入 21 世纪后又进行了多次修订，最新版本《规范》确定的雨水管网设计标准较以前版本有了大幅提高。毫无疑问，全面提高设计标准在一定程度上改善和提升了雨水管网的排水能力，但也明显增加了排水工程投资。更重要的是，因没有识别出个别道路积水的真正原因，标准提升并没有从根本上解决城市面临的排水问题，从而使城市排水系统的建设陷入困局。

2 设计标准选取存在的问题

在选取雨水管网设计标准方面还存在一些问题，主要体现在以下四个方面：

2.1 标准频繁调整与排水管网系统性之间的矛盾

构建完善的排水系统需要较长的建设周期，上下游雨水管网建设标准的有效衔接是保证系统整体排水能力的基础。而设计标准的频繁调整，会造成不同年份建设的雨水管网设计标准不一致，甚至在同一个系统内会出现上下游管网设计标准不匹配的现象，在一定程度上影响到系统的整体排水能力。

2.2 标准选取忽视了排水系统的自然属性

根据规范规定，雨水管道周边的用地性质、建（构）筑物重要程度、道路等级等外部因素是确定其设计标准高低的重要条件，而忽视了其汇水面积、设施规模、影响范围等自然属性。因雨水管设计标准高低与其汇水面积大小无关，在系统内有可能出现汇水面积较小雨水管的设计标准高于汇水面积较大雨水管设计标准的现象。

2.3 标准选取对我国国情考虑不足

在制定我国雨水管网设计标准时经常与发达国家城市进行对比，却忽视了国内外在气候、降雨特征等方面的差异。以伦敦、巴黎和北京为例，虽然这三个城市年降雨量比较接近，但城市间的气候条件差异却很大，降雨特点也明显不同。伦敦和巴黎属于温带海洋性气候，年内降雨较为均匀，即使采用较高的设计标准也不会明显增加排水工程的规模。而北京属于温带季风性气候，年内降雨量极不均衡，同样的设计标准对应的排水工程建设规模会明显高于上述两个城市。

2.4 标准选取没有充分考虑对工程投资的影响

以北方某省会城市排水防涝工程规划为例，通过对现状不同管径雨水管长度占比进行整理，管径小于和等于 *D*1000 雨水管长度占管道总长度的 73%，大于 *D*1000 雨水管道只占 27%。当采用规范最新设计标准时，与现状相比，规划雨水管管径构成发生了显著的变化，其中管径小于和等于 *D*1000 雨水管的占比仅为 12%，而管径大于 *D*1000 的雨水管则高达 88%。由此可见，整体提高雨水管网设计标准将造成包括雨水支管、干管以及其他排水设施规模的普遍增加。经初步测算，规划新建雨水管单位长度造价比现状雨水管造价增加约 67%。若按照新标准对现状排水管道进行提标改造，工程造价会比规划新建更高。

3 排水问题成因识别

3.1 积水点时空分布特征

通过对积水点在排水系统的时空分布进行分析，积水点的分布具有一定的规律可循，具体表现在：

（1）道路积水一般发生在汇水范围较大、主干管长度较长的排水系统，且积水点一般分布在排水系统中下游地区的雨水干管附近；而汇水范围较小的雨水支管，发生道路积水的概率非常低。

（2）对于相似排水系统（汇水面积大小和管网布置相似），雨水主干管坡度越小，系统发生道路积水的概率越高。

（3）系统内积水点是否出现还取决于降雨历时的长短。对于短历时降雨，不论系统汇水范围大小如何，发生道路积水的概率都非常低。当遭遇较长时间持续降雨时，汇水范围较大、地势平坦的排水系统发生道路积水的概率明显上升，且降雨历时越长，系统积水点越多，积水持续的时间越长。

由于系统内所有管道都采用相同的设计标准，上述现象很难用建设标准低这个理由加以解释，尤其是这些积水点道路下面的雨水管渠排水能力往往大于系统设计标准要求。以石家庄市东二环路排水系统，该系统汇水面积为

$16.5km^2$，主干管总长度 10.2km；在汛期系统内一些路段会经常发生积水现象，如在 2010 年 7 月 31 日，沿线就有 7 处积水点。积水原因是系统雨水干管长度很长且设计坡度很小，在 0.4‰～0.8‰之间，下游管段对应很长的汇流时间，使得下游雨水管段排水能力远远低于设计标准要求。通过对系统中雨水管渠排水能力的核算，积水点所在位置雨水管渠的排水能力相对比较强，尤其是位于最上端三个积水点雨水管道的排水能力远大于 1 年一遇；系统中排水能力严重不足的雨水管段主要位于排水系统的下游，最末端雨水管渠的排水能力只有 0.2 年一遇，远低于系统设计标准要求。

3.2 道路积水成因剖析

通过对不同形状、不同汇水面积、不同设计坡度等不同类型的排水系统进行反复验算，发现道路积水的主要原因是与现有雨量计算方法存在的缺陷有关。

长期以来，我国一直使用基于苏联时期的计算方法即暴雨强度公式法来指导城市排水工程的设计。而暴雨强度公式法是有一定的适用范围，主要用于汇水范围较小雨水管道的设计计算。在我国该方法的适用范围早已突破上述限制，应用范围非常宽泛，不论是汇水面积为 1 公顷的雨水支管，还是汇水面积高达数百、甚至上千公顷的雨水主干管都是采用暴雨强度公式法进行设计计算。

超范围应用暴雨强度公式法会对系统的排水能力造成很大的影响。按此方法构建的排水系统，上下游雨水管排水能力相差非常大，表现为雨水支管排水能力很强，而下游雨水干管排水能力相对不足，成为制约整个系统排水能力的瓶颈所在，也是造成局部路段发生积水的主要原因。

4 设计方法对系统排水能力的影响

根据暴雨强度公式特征，系统内雨水管道对应的暴雨强度是随其汇水面积（或降雨历时）的增加而降低。当暴雨强度公式用于汇水范围较大排水系统时，系统内雨水支管和雨水干管的排水能力相差非常悬殊，呈现出明显的“强支弱干”特征。下面的“两个现象”可以形象地说明超范围应用该计算方法对系统排水能力造成的影响。

4.1 “大管接小管”现象

对于地势平坦且汇水面积较大的排水系统，尤其是狭长带状排水系统，当下游雨水干管汇水面积超过一定值时，按照暴雨强度公式法计算其设计流量时，雨水干管设计流量不再随汇水面积的增加而增加，而是随汇水面积的增加而减小；若按计算结果直接选取雨水管管径，就会出现上游雨水管段管径大于下游雨水管段管径的情况，即“大管接小管”现象。毫无疑问这些管段必定是制约整个排水系统的瓶颈所在，也是造成道路积水的主要原因。但鉴于该现象不符合常理且难以加以解释，一般会通过人为干预的手段把该现象屏蔽掉。

4.2 “两个一百年”现象

按暴雨强度公式法构建的同一个排水系统中，不同雨水管段的排水能力甚至会出现“两个一百年”现象。以北京市 1980 年版暴雨强度公式为例，按设计重现期为 1 年一遇构建的排水系统，当雨水管汇水面积较小，或汇流时间小于 10min 时，其排水能力可以满足 100 年一遇设计标准；当雨水管汇水面积很大，或对应的汇流时间超过 4h 后，其排水能力非常低，为保证这些管段排水能力满足系统设计标准（P=1a）要求，则需要把该管段的设计重现期提高到 100 年一遇。由于此现象比较隐形且仅发生在汇水面积很大且地势平坦的排水系统，人们往往不会关注此现象对系统排水能力所造成的不利影响。

4.3 积水点与瓶颈点在空间上的相对位置

按暴雨强度公式法构建的排水系统中，雨水汇流时间很长的雨水主干管往往是制约整个系统排水能力的关键节点。同时要清楚认识到，在这些瓶颈点附近并不一定会发生道路积水（除非瓶颈点雨水管为明渠或盖板沟），只有当排水系统的水面线高程高出地面标高时才会发生路面积水。受此影响，道路积水点与造成积水的瓶颈管段在空间上并不吻合，两者之间的距离视雨水管渠覆土厚度、水力坡降不同而不同，对于地势比较平坦的地区，积水点一般位于瓶颈点上游 1～3km；对于地势非常平坦的地区，两者之间的距离甚至会达到 5km。因此，当排水系统内有道路积水时，一定要找准导致路面积水的真正原因，且不可把注意力和改造重点放在积水点附近，否则就可能出现积水路段年年改造年年积水的局面。

5 排水系统的重构

5.1 合理界定现有设计方法的应用范围

为保证排水系统整体排水能力能满足设计标准要求，同时避免工程投资浪费，建议采用“雨水汇流时间”指标作为界定暴雨强度公式法的适用范围；既要确定使用该方法的上限值，还要界定出该方法的下限值。当雨水管对应的汇流时间超出限值时，可通过增减其设计标准使雨水管网的排水能力与设计标准基本匹配。

5.2 制定适合我国国情的雨量计算方法

暴雨强度公式法有一定的适用范围，超范围应用该方法会造成雨水支管排水能力过强，而雨水干管排水能力不足。全面无差别提高设计标准并不能彻底解决系统内个别管道排水能力不足的问题，反而会大幅度增加排水工程的投资规模。为此，应根据我国城市的实际情况、气象和降雨特征，尽快制定出符合我国国情的雨量计算方法，以科学指导城市排水工程的规划设计与建设。

5.3 慎重选择现状雨水管网改造措施

重新认识和客观评价现状雨水管网的真实建设水平，从中找出制约系统排水能力的瓶颈所在，在此基础上制定出针对性的提标改造方案。避免对现有雨水管网进行大规模的提标扩建，改造重点应放在系统中的重要节点、下游雨水干管等环节，这样可在充分利用现有排水管网的基础上，在较短时间内、用较少投资，提升既有排水系统的整体排水能力。

气候条件对城市雨水管网排水能力影响研究

摘　要：受气候条件、地理环境等因素的影响，不同城市的降雨特征和降雨强度大小存在较大差异。我国城市大多具有季风气候特征，年内各月份降雨很不均衡，汛期发生强降雨的频次较高，使得相同设计标准下对应的降雨强度和雨水管网的排水能力远高于欧美城市。如果简单照搬其他国家的设计标准，而不考虑相同设计标准下降雨强度的巨大差异，将会显著增加我国城市雨水管网的工程投资，进一步降低排水设施的运行效率。

关键词：雨水管网；气象条件；降雨特征；降雨强度；设计标准；排水能力

1 引言

长期以来，社会各界往往把设计标准作为评价城市雨水管网建设水平的主要指标，而很少考虑相同设计标准下降雨强度差异对雨水管排水能力的影响。受区域气候条件、地理环境等因素的影响，国内外不同城市的降雨特征存在明显差异，使得相同重现期下每个城市对应的降雨强度相差很大，进而影响到雨水管网的排水能力。为此，分析研究气候条件对不同城市降雨强度和雨水管网排水能力的影响，在此基础上选择适宜的设计标准、构建适合当地实际情况的雨水控制与排放系统，既可节约工程投资、提高排水设施运行效率，还可有效应对城市面临的排水安全问题。

2 气候条件对降雨特征和降雨强度的影响

2.1 国内主要城市对比分析

目前，北京、上海和武汉均已颁布了关于暴雨强度公式和设计雨型的地方标准，因此，选取这三个城市来对比研究区域气候条件对城市降雨特征和降雨强度的影响。

2.1.1 气候条件与降雨量对比

我国城市气候特征主要表现为季风气候，季风气候具有独特的降雨特征，具体表现为夏季高温潮湿多雨，冬季寒冷干燥少雨，年内不同月份降雨量变化幅度很大。因受当地特殊地理环境因素的影响，不同地区的城市具有不同类型的季风气候特点。北京为北温带半湿润大陆性季风气候，上海属于北亚热带季风气候，武汉则为亚热带湿润季风气候。受气候特征差异的影响，不同城市年降雨天数和降雨量相差较大。北京年降雨天数约 71 天，年降雨量在

580mm 左右；上海降雨量比较充沛，年降雨天数约为 81 天，年降雨量为 1158mm，是北京年降雨量的两倍；武汉年降雨天数和年降雨量最多，降雨天数为 125 天，年降雨量为 1269mm，是北京年降雨量的近 2.2 倍。

2.1.2 降雨特征对比

图 1 是三个城市年内不同月份降雨量的对比情况，由图可以看出，受地理因素和不同类型季风气候的影响，不同城市的降雨特征也存在一定的差异。

北京年内不同季节降雨量变化幅度最大，最大月（7 月）降雨量是最小月（1 月）降雨量的 69 倍；汛期 6—9 月份降雨量占全年降雨量的比例高达 82%，仅 7 月和 8 月两个月份降雨量就占全年降雨量的 60%。

武汉和上海两个城市年内各月份降雨量差异相对较小，其中武汉最大月降雨量与最小月降雨量比值为 8.7，汛期降雨量占全年降雨量的比例为 56%；上海最大月降

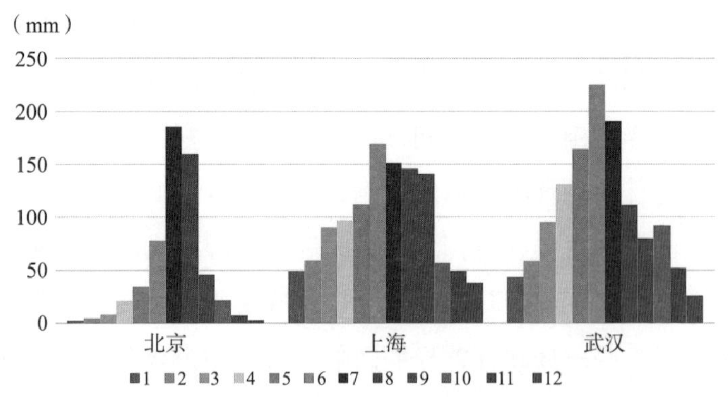

图 1　三个城市年内不同月份降雨量对比（mm）

雨量与最小月降雨量比值为 4.5，汛期降雨量占全年降雨量的比例为 52%。

2.1.3 降雨强度对比

北京年降雨量虽然最少，但大部分降雨发生在汛期，尤其是年内最大月降雨量与其他两个城市最大月降雨量相差无几，使得北京年内最大降雨发生频次和不同降雨历时对应的降雨量（降雨强度）与其他两个城市非常相似，根据降雨强度的推求方式，三个城市不同重现期对应的降雨强度高度一致（图 2）。

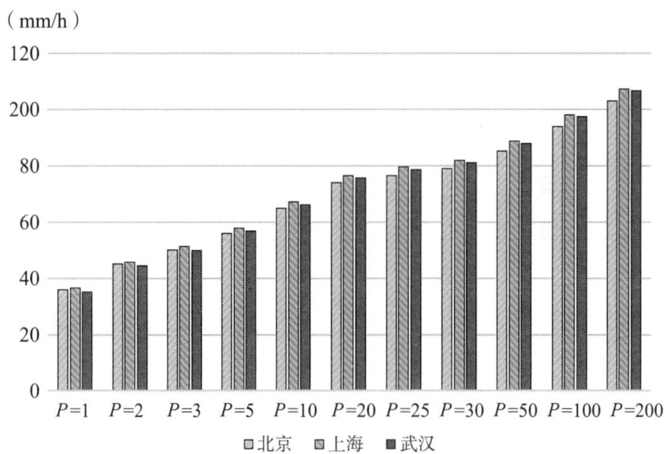

图 2　三个城市不同重现期对应的降雨强度对比

以上海和北京对比为例，前者年降雨量虽然是后者的两倍，但不同重现期对应的降雨强度仅比后者高出 1.4%～4.4%。再以武汉和北京对比为例，前者年降雨量是后者的 2.2 倍，但 1 年一遇、2 年一遇和 3 年一遇对应的降雨强度甚至低于后者，其他重现期对应的降雨强度也仅比后者高出 1.6%～3.6%。

图 3 和图 4 分别是不同设计重现期下，三个城市根据各自的暴雨强度公式计算得出的降雨强度随雨水汇流时间的变化情况。虽然三个城市地理环境因素不同，年降雨总

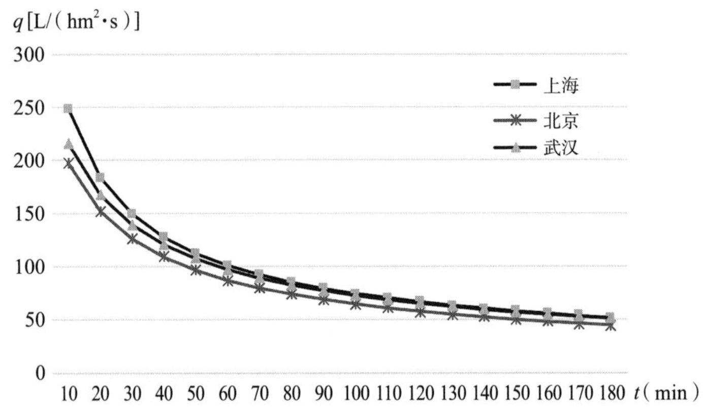

图 3　三个城市降雨强度随汇流时间变化趋势对比（*P*=1a）

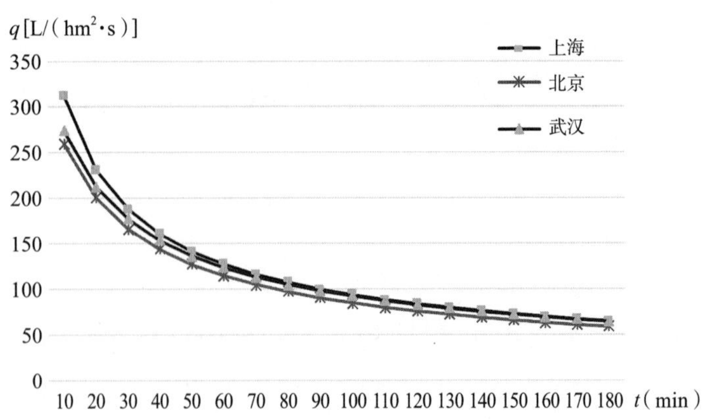

图 4　三个城市降雨强度随汇流时间变化趋势对比（*P*=2a）

量相差很大，但每个城市降雨强度随汇流时间的变化趋势却非常相似。

根据以上分析，因气候条件不同引起的独特降雨特征是影响城市降雨强度的关键因素。在相同设计标准和设计条件下，北京、上海和武汉在不同设计重现期下得出的降雨强度非常接近，降雨强度随汇流时间变化趋势基本上保持一致，因此，三个城市暴雨强度公式相互间可以通用，即这些城市按各自暴雨强度公式计算得出的设计流量都相等，选取的雨水管管径都相同。

目前，我国城市在进行雨水管网设计时，直接采用规范确定的设计标准和当地编制的暴雨强度公式，而很少考虑“降雨总量”这一要素，使得降雨强度接近，但年降雨量较大的城市往往面临较高的排水安全压力。

2.2 北京与纽约、华盛顿对比分析

2.2.1 气候条件和降雨特征对比

北京与纽约、华盛顿在气候条件、年降雨量等方面都存在明显差异。北京属于北温带半湿润大陆性季风气候，年降雨量 580mm 左右；华盛顿为温带大陆性气候，年降水量在 980mm，是北京的 1.7 倍；纽约州属于温带大陆性湿润气候，年降雨量 1056mm，是北京的 1.8 倍。

受气候条件等因素的影响，三个地区降雨特征差异非常明显。北京年内不同月份降雨最不均匀，旱季和雨季降

雨量相差很大，最大月降雨量与最小月降雨量比值高达69。华盛顿和纽约州年内各月份降雨非常均匀，几乎没有雨季和旱季之分。其中华盛顿最大月降雨量与最小月降雨量比值只有 1.4，纽约州仅为 1.5，图 5 是三个地区年内各月份降雨量分布情况。由图可知，虽然北京年降雨量最少，但 7 月份和 8 月份降雨量却远远超过华盛顿和纽约州。

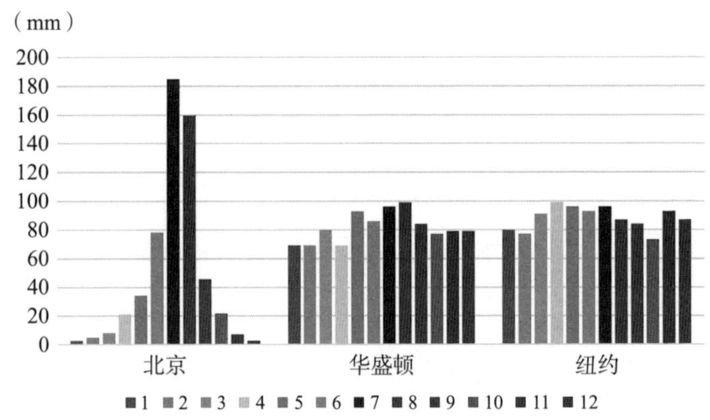

图 5　三个地区年内不同月份降雨量对比情况（mm）

2.2.2 降雨强度对比

根据三个地区的降雨特征，华盛顿和纽约州年内各月份降雨非常均衡，即年内不同月份发生暴雨的频次很低，不同重现期对应的降雨强度也比较小。北京在 7 月和 8 月的降雨量远远超过纽约和华盛顿，在此期间发生暴雨的频次以及不同降雨历时对应的降雨量（降雨强度）相对较高。

图 6 是三个地区不同重现期对应的降雨强度（小时最

大降雨量）。由图可以看出，北京在不同重现期下对应的降雨强度均明显高于华盛顿和纽约。以北京和华盛顿对比为例，北京 1 年一遇对应的降雨强度相当于华盛顿的 2 年一遇，2 年一遇降雨强度相当于华盛顿的 5 年一遇，5 年一遇降雨强度大于华盛顿的 10 年一遇，10 年一遇降雨强度大于华盛顿的 25 年一遇，50 年一遇降雨强度大于华盛顿的 100 年一遇。

北京和纽约州不同重现期下对应的降雨强度差异更加明显。北京 1 年一遇对应的降雨强度相当于纽约的 10 年一遇，2 年一遇降雨强度大于纽约的 25 年一遇，5 年一遇降雨强度相当于纽约的 100 年一遇，10 年一遇降雨强度大于纽约的 200 年一遇。

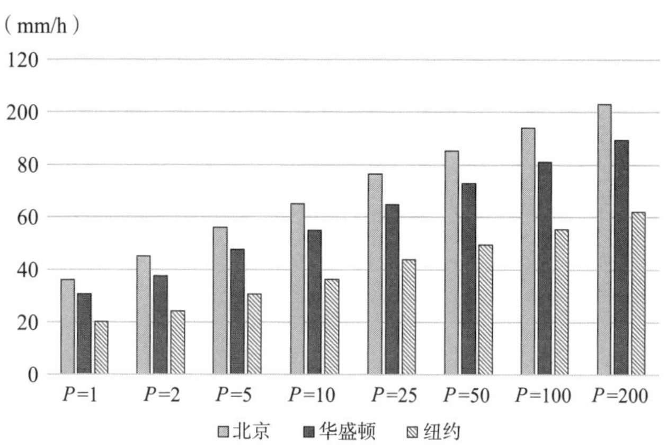

图 6　三个地区不同重现期对应的降雨强度对比

2.3 北京与欧洲主要城市对比分析

以北京、巴黎、柏林、莫斯科、伦敦、阿姆斯特丹为例，对比分析气候条件对这些城市降雨特征和降雨强度的影响。

2.3.1 气候条件与降雨特征对比

北京为北温带半湿润大陆性季风气候，巴黎、伦敦和阿姆斯特丹为温带海洋性气候，柏林为温带大陆性气候，莫斯科为温带大陆性湿润气候。受气候条件等因素的影响，北京和欧洲主要城市的降雨特征差异很大，图 7 是北京和欧洲五个城市年内各月份降雨量分布情况。由图可知，欧洲城市的降雨特征与华盛顿和纽约州非常相似，即年内各月份降雨量比较均匀。而北京年内各月份降雨量很

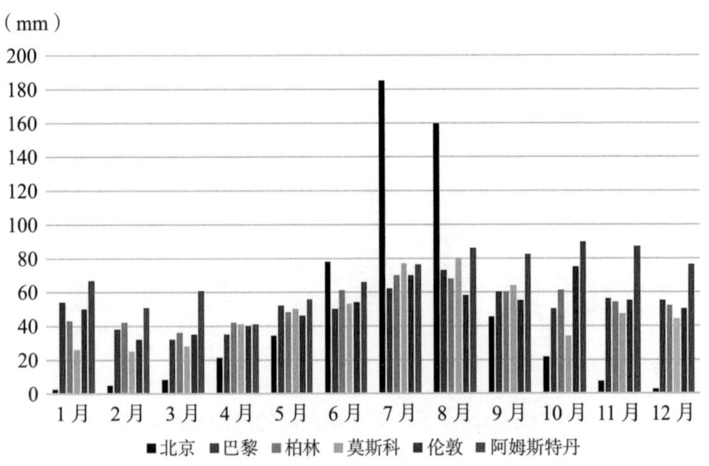

图 7　北京与欧洲主要城市各月份降水量对比情况（mm）

不均衡，尤其是7月和8月的降雨量远远大于欧洲城市最大月降雨量。

2.3.2 降雨强度对比

根据北京和欧洲主要城市的降雨变化特征，这些城市对应的降雨强度存在很大差异，具体表现为在不同重现期下北京对应的降雨强度明显大于欧洲城市。

以阿姆斯特丹和北京对比为例，阿姆斯特丹年降雨量为838mm，是北京年降雨量的1.4倍，但前者年内各月份降雨非常均衡，最大月降雨量与最小月降雨量比值只有2.2，远低于北京的69。受降雨特征差异的影响，北京虽然年降雨量比较少，但不同重现期下对应的降雨强度却远远高于阿姆斯特丹。图8是两个城市不同重现期降雨强度的对比情况。由图可以得出，北京0.5年一遇对应的降雨强度相当于阿姆斯特丹的3年一遇；1年一遇对应的降雨

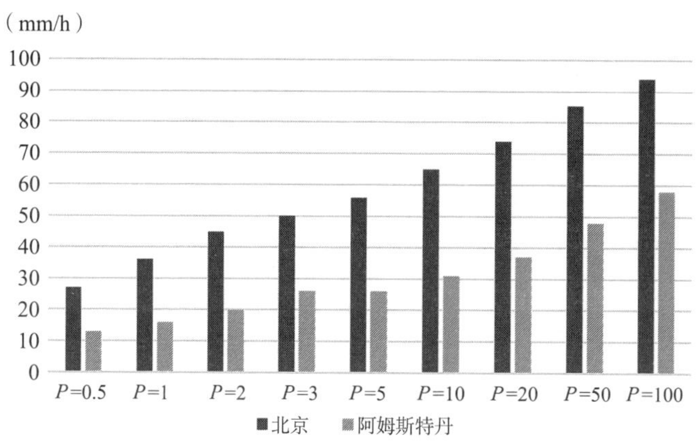

图8　北京和阿姆斯特丹不同重现期对应的降雨强度对比

强度相当于阿姆斯特丹 20 年一遇；3 年一遇对应的降雨强度大于阿姆斯特丹 50 年一遇；5 年一遇对应的降雨强度接近阿姆斯特丹 100 年一遇。

2.4 不同城市降雨强度和雨水管排放能力对比

通过对比国内外主要城市的气候条件、降雨量、降雨变化特征以及对应的降雨强度，影响不同城市降雨强度高低的主要因素并不是降雨总量和降雨天数，而是不同气候特点下对应的独特降雨特征。和欧美国家主要城市相比，我国城市年内不同季节降雨非常不均衡，汛期发生强降雨的频次及其降雨量都很高，使得我国城市不同重现期对应的降雨强度远远大于欧美城市。

相同设计参数、相同设计标准下，雨水管设计流量大小主要取决于降雨强度的高低，即降雨强度是决定雨水管排水能力、管渠断面尺寸、工程投资规模的主要因素。由于相同重现期下我国城市具有很高的降雨强度，使得雨水管网的排放能力、雨水管管径和工程投资均远高于欧美城市。以北京和阿姆斯特丹对比为例，北京按 1 年一遇标准建设的雨水管其排放能力可以排除阿姆斯特丹 20 年一遇的降雨，按 3 年一遇标准建设的雨水管可以排除阿姆斯特丹 50 年一遇的降雨，按 5 年一遇标准建设的雨水管可以排除阿姆斯特丹 100 年一遇的降雨。

3 我国雨水管排放能力与运行效率

3.1 雨水管排放能力

由于我国城市对应很高的降雨强度，使得雨水管网具有很强的排水能力。以北京为例，现状雨水管网的设计标准基本上为 1 年一遇，对应的降雨强度为 36mm/h，即按 1 年一遇标准建设的雨水管每小时可排除 36mm 的降雨，而北京年降雨量为 580mm，当雨水管网系统整体排水能力达到 1 年一遇时，可在 17 小时即在不到一天时间内把北京全年的降雨量排除掉；当排水能力达到 3 年一遇时，可在 12 小时即半天时间内把全年的降雨排除掉。对于上海，当系统排水能力达到 1 年一遇时，可在 32 小时内把全年的降雨量排除掉；当排水能力达到 3 年一遇时，可在 23 小时内把全年的降雨量排除掉。

3.2 雨水管运行效率

由于我国城市现状雨水管网具有很强的排放能力，使得雨水管网和相关排水设施长期处于闲置或低效运行状态。以北京为例，绝大部分现状雨水管道设计标准为 1 年一遇，如果其排水能力均能满足设计标准要求，可在不到一天的时间内（16.3 小时）把北京全年的降雨量排除掉，即一年内满负荷的运行时间只占 0.2%，在剩余的 99.8%

时间内，雨水管和排水设施处于低效或闲置状态，其中闲置天数占 80.5%。

上海 1 年一遇建设的雨水管年内满负荷运行时间占比不到 0.4%，其中闲置天数占 77.8%。武汉 1 年一遇建设的雨水管年内满负荷运行时间占比不到 0.41%，其中闲置天数占 66%。

若继续提高设计标准，雨水管和排水设施的运行效率还会进一步降低。表 1 是北京市不同设计标准雨水管网系统排放全年降雨量所需时间和对应的运行状态。

北京不同设计标准雨水管对应的排放能力　　表 1

设计标准	排放时间（小时）	低效闲置时间占比（%）
P=0.5a	21.2	99.76
P=1a	16.3	99.81
P=2a	13 .0	99.85
P=3a	11.7	99.87
P=5a	10.5	99.88
P=10a	9.0	99.90

北京市雨水管网 1 年一遇对应的小时降雨量为 36mm，通过对比全年不同月份平均降雨量，可以看出，除 6～9 月外，其他八个月份的降雨量均小于 1 年一遇雨水管网系统 1 小时的排放量（图 9）。

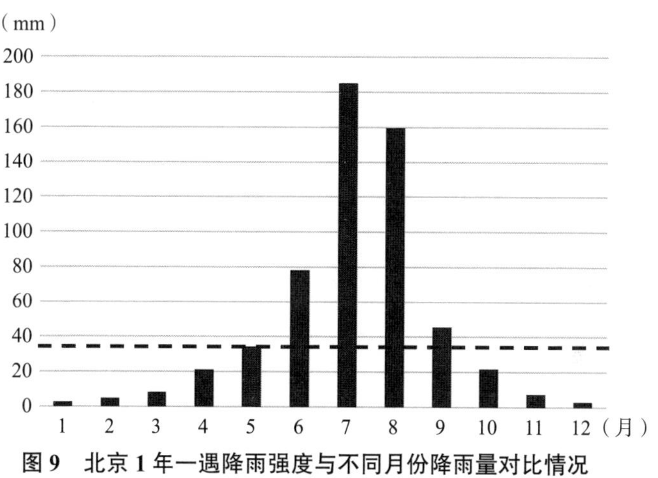

图 9　北京 1 年一遇降雨强度与不同月份降雨量对比情况

4 结语

城市降雨强度大小主要取决于降雨特征，与年内最大一场（或几场）降雨中不同降雨历时对应的降雨量有关，与年降雨总量、降雨场次多少没有直接关系。受季风气候等因素的影响，相同设计标准下，我国城市降雨强度和雨水管的排水能力远高于欧美主要城市。

我国城市现状雨水管网的设计标准相对较低，但其排水能力等于甚至超过欧美主要城市雨水管网的排水能力。因此，在评价国内外城市雨水管网建设水平和排水能力时，不能把设计标准作为唯一的考量指标，还应考虑相同设计标准下降雨强度的巨大差异。

我国城市现状雨水管和排水设施运行效率很低，闲置现象严重。若采用国外城市同样的设计标准，会造成我国雨水管网排水能力过强，运行效率过低和工程投资剧增的不利局面。

城市路面塌陷与排水工程内在联系机理研究

摘　要：我国有很多城市先后发生过路面沉降和塌陷事件，其成因既有土壤条件、水文地质等自然因素，也有地下空间开发、地面负荷加大和涉水市政管线破损等人为因素。对于城市道路，涉水管线尤其是排水管渠破损渗漏所引起的地面塌陷占比很高。本文探讨了城市排水与路面塌陷的内在联系，尤其是现有雨水管设计方法的不合理应用，会造成一些雨水管呈承压排放状态，从而加剧了排水管渠的漏损，随着水土不断从管渠破损处的不断流失，上方土层的承载能力逐步降低，即雨水管渠的承压排放会加快路面塌陷的进程，提高路面塌陷的风险。通过对雨水排放与路面塌陷因果关系的机理研究，有利于从城市排水的角度，识别出路面塌陷的高风险地区，并为制定行之有效的预防与治理对策提供技术支撑。

关键词：排水工程；路面塌陷；承压排放；水头压力；设计方法

1 引言

地面塌陷是指地面结构受自然作用或人为活动影响向下陷落，并在地面形成塌陷坑洞而造成灾害的现象或者过程，对于城市而言，地面塌陷多发生在路面且具有随机、隐伏、突发的特点，极易引起民众恐慌，给居民生命财产安全构成直接威胁，并影响到城市的正常生产生活。

到目前为止，我国已有 50 余座城市先后发生过路面沉降或塌陷事件，尤其在最近几年，一些城市路面塌陷还造成了重大的人员伤亡情况。例如，2018 年 10 月 7 日，达州市达川区东环南路人行道路面突发坍塌，造成 4 人死亡。2019 年 12 月 1 日，广州地铁 11 号线沙河地铁站施工区域出现路面塌陷，造成 3 人死亡。2020 年 1 月 13 日，西宁市南大街长城医院门前发生路面塌陷，一辆公交车陷入其中，造成 9 人遇难，1 人失踪。

为有效预防和应对路面塌陷，社会各界一直从不同角度来探寻其原因，但总体而言，目前对路面塌陷灾变机理和成因研究尚处在表象分析、主要诱因探索阶段，对找到的一些原因还不能进行可重复验证，给路面塌陷事件的预防和有效治理增加了很大的难度。

根据相关研究，路面塌陷孕灾环境复杂、致灾因子多样，既有水文地质、气候降雨等自然因素，也有管线质量、施工影响等人为因素。对于城市建成区，人为因素是路面塌陷的主要诱因，包括水力管线破损渗漏、地面负荷加载、道路开挖、地下空间开发建设等。对于城市道路，涉水管线尤其是排水管渠破损渗漏所引起的地面塌陷占比很高。但至于是什么原因导致排水管线破损目前还没有形成共识，也没有对城市雨水排放与地面塌陷之间的因果关系进行系统研究。

2 涉水市政管线诱发路面塌陷特征分析

涉水市政管线可分为压力流管线和重力流管线两大类。压力流管线主要包括供水管、供热管、再生水管等；重力流管线则主要包括雨水管、污水管和合流排水管等。由于两类涉水管线运行状况不同、排水方式不同、管线覆土厚度不同，两类管线引发的路面塌陷特征有着明显的差异。

2.1 压力流管线诱发路面塌陷特征分析

压力流涉水管线引起的路面塌陷主要是管线断裂或突然爆管所致。以供水管道为例，当供水管道断裂或发生爆管时，高压水流在短时间内会冲刷掏空管道周围的土层从而诱发路面塌陷。管道断裂或爆管一般会引起周围供水区域停水或供水压力剧降，而且在爆管处常伴有水柱喷出，因此，供水管线引起的路面塌陷能够及时发现且能迅速得到处置。加上压力管线埋深相对较浅、孕灾时间较短，路面塌陷造成的损失相对较小。

2.2 重力流管线诱发路面塌陷特征分析

重力流排水管线引起的路面塌陷则是一个漫长、长期积累的过程，具有隐蔽性和突发性特征。当排水管渠出现破损或存在缝隙时，并不会马上引发路面塌陷。先是水流慢慢从缝隙处渗入附近土层，影响管渠基础和上方土层的稳定性；随着缝隙扩大和水土的不断流失，周围土层开始发生形变，并在管渠上方形成空洞，导致土层结构承载能力逐渐降低，当土层承耐力低于承受的负荷时，才有可能发生路面塌陷现象。由于从管道破损渗漏到路面塌陷过程比较漫长，加上现状排水管量大面广，靠日常监护巡查很难准确判断道路下哪些管道有破损，哪些路面下已形成空洞，因此无法提前预判在什么时候、在什么地方可能会发生路面塌陷。而且排水管渠断面尺寸一般都比较大、上方覆土较厚，一旦发生突发性路面塌陷，其影响范围和造成的损失往往很大。

3 排水管线破损渗漏成因分析

根据对多个城市路面塌陷事件成因进行统计分析，在涉水管线引发的路面塌陷事故中，城市雨水排放尤其是排水管渠破损渗漏所占比例最高。但至于是什么原因导致排水管线破损渗漏则众说纷纭，目前找到的原因主要包括：管材和施工质量差、管道老化、管道不均匀沉降、外力（尤其是施工）影响等。但这些原因多为定性描述且过于发散，因果之间关联性不足，难以在空间上对排水管线破损程度和塌陷风险进行精准识别与定量评估。

通过对现有雨水管设计方法即暴雨强度公式法特征研究，尤其是对同一个排水系统中不同雨水管段对应的排水能力进行对比分析，发现现有雨水管设计方法与雨水管线破损之间有内在的联系，即设计方法存在的缺陷和超范围应用该方法是造成一些雨水管渠破损渗漏的主要诱因，从而间接导致城市路面塌陷现象的发生。

3.1 设计方法对雨水管排水能力和排水方式的影响

长期以来，我国一直使用基于苏联时期的设计计算方法（即暴雨强度公式法）来指导雨水管网的设计与建设。此方法原来主要用于汇水范围较小、短历时降雨前提下雨水管道的工程设计，但由于没有合适的设计方法可以替代，导致该设计方法应用范围非常宽泛，即不论雨水管渠汇水面积大小、降雨历时长短都毫无例外地采用该设计方法。

当设计重现期确定后，按此方法构建的排水系统，上下游不同位置雨水管段因降雨强度值相差很大，从而导致不同管段对应的排水能力相差悬殊。具体表现为雨水支管排放能力很强，而雨水干管排水能力则相对不足。尤其是对于地势平缓、汇水范围较大的排水系统，下游排水干管排水能力很低，无法满足系统设计标准要求。在遭遇设计标准或超过设计标准降雨时，位于系统下游的雨水干管会成为制约系统整体排水能力的瓶颈管段，这些管段靠重力流无法满足径流排放要求，其排水方式转变为压力流排放。具体表现为管道水面线高出雨水管管顶标高，受这些瓶颈管段水面线的顶托，使得周围很多雨水管也呈压力流排放。

表 1 是按设计标准 P=1a 建成的案例排水系统在遭遇不同重现期降雨时，系统内管渠最大水头压力、瓶颈管道和压力流管道长度占比情况。

遭遇不同重现期降雨时系统内最大水头和承压管道占比情况　　表 1

不同重现期降雨（a）	1	2	3	5	10
瓶颈管段长度占比（%）	6	10	11	12	13
承压管道长度占比（%）	40	89	92	93	93
最大水头压力（m）	0.62	2.3	3.3	4.7	6.9

从表 1 可以看出，在遭遇设计标准（P=1a）降雨时，系统内有占管道总长度 6% 的雨水管段，其排水能力不能满足设计标准要求，受这些瓶颈管段水面线顶托的影响，

系统内有 40% 的雨水管呈压力流排放，系统最大水头压力为 0.62m。

在遭遇 2 年一遇、3 年一遇、5 年一遇、10 年一遇降雨时，案例排水系统内 90% 左右的雨水管呈压力流排放，系统最大水头压力分别是 2.3m、3.3m、4.7m 和 6.9m。

图 1 是按设计标准 P=1a 建成的案例排水系统，在遭遇 5 年一遇降雨时，雨水主干管水面线变化、最大水头压力点与排放口的距离，以及系统内承压雨水管道的分布情况。

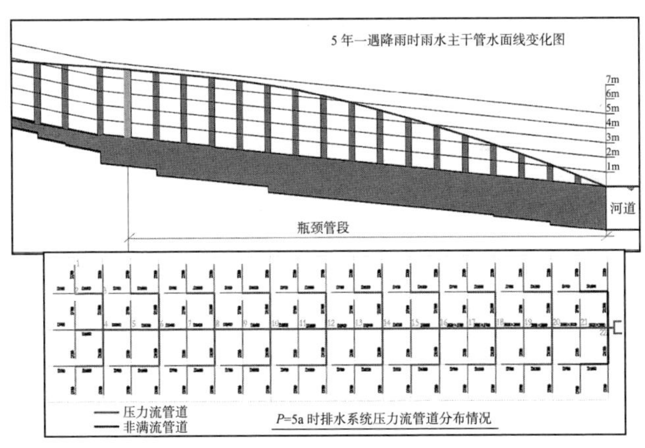

图 1 遭遇 5 年一遇降雨时主干管水面线变化（上图）和系统承压管线分布情况（下图）

在此情景下，排水系统内有占总长度 12% 的雨水管其排水能力不能满足 P=5a 要求，受这些瓶颈管段水面线顶托的影响，系统内 93% 的雨水管呈压力流排放，系统最大水头压力为 4.7m，此点距系统排水能力最不利管段的距离为 3400m。

3.2 承压管道压力时空变化特征

排水系统内不同位置雨水管段对应的排水方式不同。对于雨水支管，因其排放能力很强，当不受下游雨水管顶托时，其排水方式为重力流排放。对于汇水范围较大的雨水干管，当遭遇设计标准降雨时，这些管段的排水方式则以承压排放为主，管段承受的水头压力等于水面线标高与管顶标高两者的差值。

同一承压管段在不同降雨时段水头压力也有所不同。在降雨初期，此管段排水方式为重力流排放；当降雨历时较长时，该雨水管段排水方式为压力流排放。

系统内不同位置承压管段所承受的压力也不相同。承压管段水头压力大小与距瓶颈管段距离呈正相关关系，距下游瓶颈管段越远的瓶颈管段，对应的水头压力越大。系统内最大水头（压力）大小主要取决于管道排水能力与设计径流量差值、管道覆土厚度等因素，承压管道最大水头一般不超过该管段的覆土厚度。

4 承压排放对雨水管渠结构的影响

城市排水一般采用重力流排放，其管材以（钢筋）混凝土管、暗渠和箱涵为主，为非承压管道，相对于给水管道，其抗压能力很弱。当排水管渠排放形式由重力流排放变为承压排放时，必然会对包括管材、管道基础、检查井等在内的排水设施结构造成一定程度的破坏。

4.1 水头压力与不同介质厚度的互换关系

根据水头压力、不同管渠材料和回填土对应的容重，可以得出单位水头压力可以托举不同介质的厚度（表 2）。

1 米水头压力可托起不同介质的厚度情况　　表 2

介质	水	回填土	砖块	钢筋混凝土	石块
厚度（m）	1.00	0.59	0.56	0.40	0.33

单位水头可托举的介质厚度与介质的容重呈反比关系，介质容重越小，单位水头可顶托起的厚度越大；相反，介质容重越大，单位水头可顶托起的厚度越小。由表 2 可知，1m 的水头压力能顶托起 0.59m 厚的土层、0.56m 厚的砖块、0.4m 厚的钢筋混凝土板或 0.33m 厚的石块。

图 2 描述的是水头压力与可顶托起不同介质厚度的对应关系，两者呈正相关关系，即水头压力越大，可顶托起上方介质的厚度也越大。例如，当管渠内部承受的压力为 6m 水头时，该压力可顶托起 3.54m 厚的土层、3.36m 厚的砖块、2.4m 厚的钢筋混凝土板或 1.98m 厚的石块。

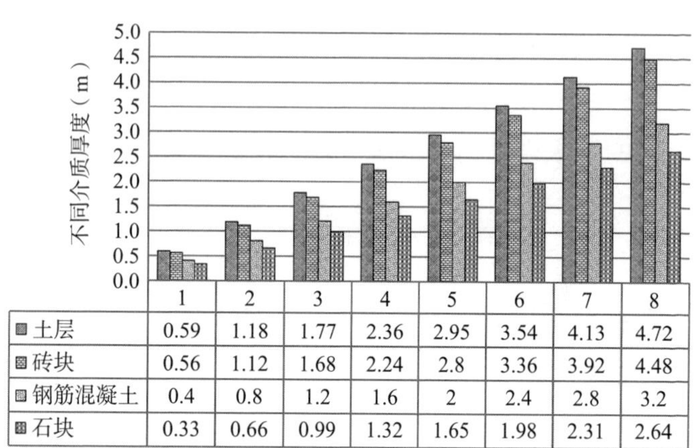

	1	2	3	4	5	6	7	8
土层	0.59	1.18	1.77	2.36	2.95	3.54	4.13	4.72
砖块	0.56	1.12	1.68	2.24	2.8	3.36	3.92	4.48
钢筋混凝土	0.4	0.8	1.2	1.6	2	2.4	2.8	3.2
石块	0.33	0.66	0.99	1.32	1.65	1.98	2.31	2.64

图 2　不同水头压力（m）可顶托不同介质厚度的对应关系

4.2 承压排放对雨水管渠结构的破坏

承压排放和压力的不规律变化对排水管渠的结构具有一定的破坏力，破坏程度主要取决于水头压力大小、管材、排水管渠类型等。伴随着排水方式由重力流向压力流的转变，使管渠内水流流速增加，流速增加势必会加剧对雨水管渠内壁的冲刷力度，继而影响到排水管渠的结构安全。

在所有不同类型排水管渠中，钢筋混凝土箱涵由于结构稳定性比较好，具有一定的抗压能力，承压排放对其结构的影响相对较小。承压排放对盖板暗涵和拱形暗涵结构的影响很大，除加剧对暗涵内壁冲刷力度外，主要影响体现在对上方结构的顶托。由于暗涵断面尺寸一般都比较大，上方覆土厚度较深，一旦发生垮塌，其影响范围和影响程度往往很大。

4.2.1 对排水管道结构的影响

承压排放对雨水管（包括合流排水管）结构影响很大。承压排放除可能造成排水管道管材破损外，最常见的情况是在管道连接处以及管道与检查井之间产生缝隙。一旦管道出现破损或产生缝隙，水流就会从破损缝隙处渗入周围土层，使土体渗透变形，影响管道结构和上层土壤结构的稳定性。

随着缝隙的不断扩大和管道附近土壤的流走，有可能导致排水管产生错台或脱节，并在管道上方或下方形成悬空，当遭遇长历时强降雨时，会引发地面下沉或路面塌陷现象的发生。

4.2.2 对盖板暗涵结构的影响

当盖板暗涵为承压排放时，降雨径流的不规则变化会造成涵内压力的不断变化，引起盖板的上下振动，易在盖板和箱体之间形成缝隙，造成排水外渗或水土流失。

对于盖板暗涵，盖板厚度一般为 0.4m 左右，根据表 2 数据，可以推算出托起不同介质盖板所需的最小水头压力。当盖板材料为石块时，托起 0.4m 厚的盖板需 1.2m 的水头压力；当盖板材料为钢筋混凝土时，托起 0.4m 厚的盖板需 1m 水头。当暗涵内水头压力超过最小托举压力时，承压水流会顶托起盖板，在盖板和主体之间形成缝隙，严重时盖板可能发生位移，使盖板跌落到箱体内。排水渗漏和周围水土的大量流失，会在暗涵上方形成空洞，继而引发地面塌陷。

4.2.3 对拱形暗涵结构的影响

承压排放对拱形暗涵结构影响很大，尤其是对于砖砌或石砌拱形暗涵的结构安全影响最大。对于石砌或砖砌拱形暗涵，上方圈层厚度一般为 0.5m。根据表 2 数据，当圈层材料为石块时，托起 0.5m 厚的圈层需 1.5m 水头压力；当材料为砖块时，托起 0.5m 厚的圈层需 0.9m 水头压力。

承压排放会对拱形暗涵结构造成不可逆的破坏。由于拱形暗涵的特殊结构，暗涵内部压力的不规律变化和压力顶托会造成上方拱顶砖块或石块松动，一旦有砖块或石块被顶出拱形圈，拱形圈的结构就会失稳，严重时圈层会发生坍塌，导致路面塌陷。

2018 年 10 月 7 日，达州市东环南路发生的路面塌陷很有可能就是下方拱形暗涵垮塌所致。韩家沟拱形暗涵于 1999 年在一条小河上修建而成，为长条石拱形暗涵，断面尺寸很大，涵顶上方覆土很厚，垮塌处涵顶距地面约 9.7m。由于该暗涵建设年限较长，在此期间流域内尤其是上游地区下垫面已经发生了很大的变化，受径流量增加等因素的影响，下游涵段在汛期排水方式可能变为承压排放，根据初步测算，当暗涵内部压力超过 1.5m 时，就可以把上方 0.5m 厚拱形圈内的石块顶出，一旦有石块被顶出或发生位移，上方拱形圈会因结构失稳发生垮塌。

由此可见，因雨水管渠设计方法缺陷引发的压力流排放会对排水管渠的结构造成不利影响，使排水管渠产生破损、缝隙、基础失稳、盖板错位、拱顶垮塌等后果，继而诱发所在区域地面塌陷现象的发生。尤其是对于汇水范围较大、坡度较小、覆土较厚、地下水水位较深的排水系统，承压排放使系统中下游雨水管渠所在地区面临路面塌陷安全风险。

5 路面塌陷风险识别与应对措施

5.1 路面塌陷风险识别

表面上看，雨水管渠设计方法与路面塌陷之间似乎毫无关联，实际上两者之间却存在一定的因果关系，即现有雨水管网设计方法存在的缺陷是诱发一些城市路面塌陷的原因之一。通过分析设计方法对排水系统不同管段排水能力的影响，找出现状排水系统中排水能力不足的瓶颈管段，在此基础上识别出排水系统中承压管渠的空间分布和水头压力大小，并结合所在城市的土壤条件和地下水水位情况，划定路面塌陷的风险等级。

5.1.1 汇水范围较大的排水系统

根据雨水管道（包括合流管道）设计方法的特点，系统中绝大多数排水管的排放能力都能满足设计径流排放要求，径流排放方式为重力流排放，这些排水管网所在区域发生路面塌陷的风险相对很低。

对于一些汇水范围较大且地势平坦的排水系统，下游排水干管的排水能力难以满足设计径流排放要求，在遭遇长历时降雨时，这些排水管段以及上游附近管段的排水方式为压力流排放。承压排放会对这些管段及其基础造成不同程度的破坏，排水渗漏引发的水土流失影响到管渠结构和周边土层的稳定性，因此，在这些排水系统的中下游地区发生路面塌陷的风险相对较高。

5.1.2 河道改为暗涵的排水系统

随着城市建成区范围的不断拓展，一些位于城区内的河流往往被改造成地下暗涵。一旦河道变为暗涵，今后拓宽改造的难度很大，也不利于暗涵的日常清淤维护。另外，随着流域上游地区的开发建设，不论是径流产生量、还是径流排放强度都会相应增加，给下游暗涵雨水排放施加了很大的压力。受上述因素和现有管渠设计方法缺陷的多重影响，在遭遇长历时强降雨时，中下游涵段的排水方式多为有压排放，而承压排放必定会对暗涵结构造成一定程度的破坏，尤其是对盖板暗涵和拱形暗涵影响更大，所在地区发生路面塌陷的风险很高。

5.1.3 地下水位较深的排水系统

雨水排放所引发的地面沉降和路面塌陷（主要以前者为主）事件与地下水水位有着一定的联系。对于地下水位较高的南方地区，尤其是水网比较密集的城市，由于管渠内外水头压力差较小，引发水土流失的水动力很低，加上周围土壤含水率接近饱和状态，土层结构相对稳定，这些城市发生路面塌陷的概率相对较低。在相似降雨特征和降雨强度下，地下水位较深的城市发生地面沉降或路面塌陷的频次较高。如 2012 年“7·21”暴雨过后，北京城区就发生了近百处地面下沉或道路塌陷情况；2021 年“7·20”暴雨过后，郑州城区先后发生了上千处地面下沉或道路塌陷事件。其中大部分地面沉降或路面塌陷事故是因受到积水浸泡、路面地基土疏松所致，其他路面塌陷事故则是由于雨水管渠承压排放加剧了管道渗漏和对土基的冲刷所致。

5.2 应对策略与措施

为预防、避免或减少城市雨水排放所引发的地面沉降和路面塌陷事件，除对雨水管道设计方法进行完善外，需要对城市现有排（雨）水管网进行梳理，系统评估设计方法对现有排水管网排水能力的影响，评估重点为地下水位深、汇水范围较大且管渠设计坡度较小的排水系统，其中合流制排水系统发生地面塌陷的风险更高。

通过分析评估，识别出现有排水系统中的瓶颈管段，即排水能力难以满足设计标准管段的位置。结合这些管段在系统中的位置、管材类型、建设年限、覆土厚度、土壤条件、地下水位等因素，并结合实地踏勘验证，划定出这些管段及上游管段所在地区对应的路面塌陷风险等级，在此基础上制定出针对性的预防和治理对策。

迁建和调整地面塌陷风险较大的路面设施布局。受路面塌陷影响较大的地面设施主要包括：公交站、过街通道、报亭、自行车停放处等人流较为集中的地区，结合现有排水管渠评估结果和路面塌陷风险等级的划定，对位于风险等级较高管渠上方的地面设施布局进行合理调整，避免在高风险路面塌陷路段新建公交站等设施，对位于高风险区域的既有设施进行迁建，对无法进行迁建的设施应根据土壤地质条件和实地勘察结果，制定出行之有效的加固措施和应急预案，把路面塌陷造成的损失控制在最低程度。

对治理和缓解城市内涝的规划建设建议

21 世纪以来，很多城市尤其是平原大城市相继遭遇内涝灾害的影响，对人民生命财产安全和城市正常运行造成较大威胁。随着城镇化的快速推进、城市人口和经济不断集聚以及城市排水系统的日趋复杂，城市水问题变得更加严峻，城市内涝带来的损失也越来越大，城市排水安全问题已引起社会各界的广泛关注。

1 客观认识我国城市管网取得的成效

我国城市已形成比较完善的排水管网系统，总体上能保障城市的排水安全。“十三五”期间，我国城市基础设施累计完成投资超过 10 万亿元，设施能力与服务水平不断提高。在城市排水领域，2020 年全国城市排水管道长度达到 78.7 万公里，比 2015 年提高了 45.9%，年均新增排水管网近 5 万公里。

排水防涝设施建设标准得到不断提升，大城市的雨水管网设计标准已接近或达到欧美城市的标准。长期以来，我国主要依据《室外排水设计标准》GB 50014—2021 来指导雨水管网的建设。该规范自颁布以来，先后进行了多次调整，设计标准得到不断提高。最新版本规范确定的大城市中心城区重要地区的设计标准已达到5～10年一遇，达到欧美城市的设计标准。

2 在认识和做法上存在的一些偏差

2.1 雨水管网系统排水能力与设计标准不匹配

从20世纪60年代以来，我国一直使用基于苏联时期的雨水管设计方法即暴雨强度公式法来指导城市排水工程的规划设计与建设。该方法原先主要用于指导小汇水范围、短历时降雨、低设计重现期下雨水管道的设计，因我国一直没有其他更适宜的设计方法可以选用，导致该方法的应用范围不断扩大，远远超出其合理的适用范围。

“强支弱干”特征明显，现状排水系统下游雨水主干管排水能力不足，不能满足设计标准要求。按现有设计方法构建的排水系统上下游雨水管排水能力与设计标准不相匹配，呈现出明显的“强支弱干”特征，即绝大部分雨水管排水能力大于设计标准要求，尤其是雨水支管排水能力很强，可满足20～50年一遇设计标准要求；但个别汇水面积较大的雨水主干管排水能力不足，不能满足设计标准要求，成为制约整个系统排水能力的瓶颈管段。在一些特殊形状排水系统中，雨水主干管甚至会出现“大管接小管”现象，即在其他设计条件不变的情况下，上游管段管径大于下游管段管径。

2.2 标准选取过程中存在的主要问题

雨水管设计标准选取对排水系统的自然属性考虑不足。根据规范相关要求，在确定雨水管设计标准时，主要考虑其所在区域的用地性质、建（构）筑物重要程度、道路等级等外部因素，但对雨水管渠所承担的汇流面积、地形地貌特征等自然因素考虑不足，即雨水管设计标准的高低与其服务的汇水范围大小无关。在同一个排水系统中，甚至可能会出现汇水面积较小雨水管因其所处区域重要而选取较高的设计标准。

一些学者在没有充分考虑国内外城市气候条件、降雨特征的情况下，就简单拿国外城市的设计标准与我国城市进行对比，建议提高我国排水设施建设标准，但这会导致排水工程投资剧增，并使排水管网在绝大部分时间内处于闲置或低效状态。比如，北京市为代表的中国城市降雨特征与欧美国家主要城市有着很大的差异。以莫斯科、伦敦、巴黎、柏林等城市为例，这些城市年降雨量虽与北京比较接近，但降雨特点明显不同。欧洲四个城市年内降雨较为均匀，暴雨较少；而北京属于温带季风性气候，全年降雨量极不均衡，85% 的降雨集中在汛期 6～9 月份，汛期时常出现暴雨（图 1）。在同样设计标准下，我国城市雨水管的排水能力要明显高于欧美城市。以纽约州为例，该市年降雨量为1056mm，是北京市年降雨量的1.8倍，但该州气象站（站点位于纽约州温菲尔德镇）测得10年一遇最大小时降雨量为36.3mm，与北京市1年一遇最大小时降雨量（36mm）非常接近。也就是说，北京市按1年一遇标准建设的管道可以排除纽约州10年一遇的降雨。由此可见，简单照搬国外城市标准，既不科学，也不必要。

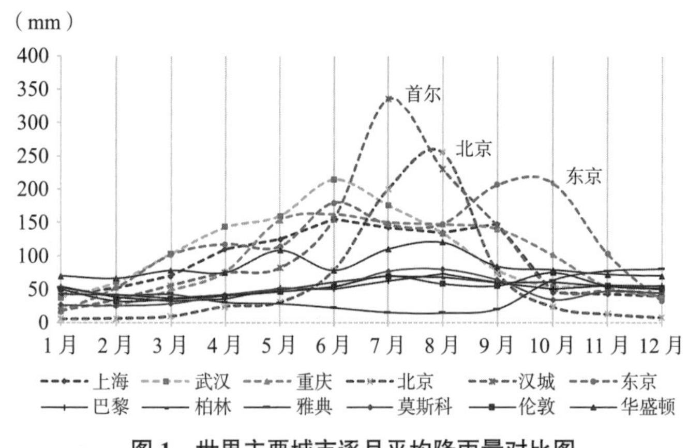

图1　世界主要城市逐月平均降雨量对比图

2.3 雨水管网的系统性没有得到保障

设计标准修改过于频繁不利于雨水管网系统性的形成。《室外排水设计标准》GB 50014—2021自颁布以来，设计标准先后进行了多次调整。设计标准的频繁调整，会造成在同一个系统中不同年份建设的雨水管设计标准不一致，影响到系统的整体排水能力。尤其是按新标准建设的雨水管位于既有排水系统上游时，会增加系统下游雨水管的排水压力，使系统面临较高的道路积水风险。

规划期限与排水系统建设周期的矛盾。一般来说，构建完整的城市排水系统往往需要很长时间，一旦建成就不易调整。而城市规划一般考虑在本规划期限内排水系统的规划布局，无法从更大范围（流域或区域）和更长远的角度来统筹排水系统的规划建设。当城市规划范围发生改变，新版规划确定的排水系统布局往往会与前版规划构建的排水系统产生矛盾，从而影响到排水管网的系统性和整体性。

3 道路积水和积水顽症路段原因识别

3.1 大城市道路积水主要原因识别

在我国一些大城市，尤其是平原大城市，如北京、武汉、石家庄、郑州、长春等，都有汇水范围较大的排水系统。按传统的设计方法，主干管下游管段往往不能满足设计标准要求，成为制约系统整体排水能力的瓶颈。当城市遭遇较长历时降雨时，下游雨水干管的排水方式将由重力流排放变为承压排放，当管段的水头压力大于管道覆土厚度时，该系统就会发生路面积水现象。

3.2 一些城市治理积水路段的做法有问题

一些城市尤其是大城市，因为对部分积水点的原因、源头没找准，导致治理效果不显著。以长春为例，2019年6月16日央视新闻周刊报道：

“2019年6月2日，市区平均降水量为48毫米每小时，长春市城区内至少有33个严重积水点，其中有19处为严重易涝点，朝阳区、南关区等老城区占绝大多数。另外，自2013年起，长春市19处严重积水位置名单也未曾发生改变，此次官方公布的积水位置，与6年前如出一辙。东北师范大学门前，不出意外地再次成为积水最多的地方”。

造成“积水点”的源头，往往不在“积水点”附近。由于雨水管有一定的覆土厚度，会呈现出“积水在上游，问题在下游”的内在关系。两者之间的距离并不固定，与管渠覆土厚度、瓶颈管道长度、降雨强度、地面坡降等因素有关。一些城市由于不了解上述原因，往往把注意力和改造重点放在积水点附近，导致“年年治涝年年涝”。

4 应对城市道路积水的相关建议

一是对现状雨水管网进行科学诊断与评估。当前，应以识别制约系统整体排水能力的瓶颈管段、找准积水点与瓶颈管段的空间关系为重点。同时，关注平原大城市的排水安全问题，把汇水范围较大雨水干管作为近期优先改造治理的重点。

二是制定精准的提标改造方案，不要“大拆大建”。

应把排水系统中的关键节点和瓶颈管段作为提标改造的重点，达到用最少投资、快速改善和提升现状雨水管网排水能力的目的。

三是不要盲目提高雨水管网的建设标准。我国城市绝大部分现状雨水管网具有较高的建设标准，仅有极少数汇水面积较大的雨水干管排水能力不足，建设标准偏低。如果无差别全面提高雨水管设计标准，就会导致工程投资严重浪费，而且也不能发挥系统的整体排水功能。

四是建议用“等降雨强度法”来指导雨水管的规划设计。该方法有效规避了雨水汇流时间对雨水管排水能力的影响，从而使排水系统中所有管道排水能力与设计标准相匹配，排水安全得到很好保障，也有利于与其他不同排水设施和水利设施设计标准行对比分析。与“暴雨强度公式法”相比，在同样设计标准情况下，该方法还可节省20%～30%的工程投资。建议主管部门论证研究后，推广使用。

II

第二部分

典型案例解析

不易发生积水典型案例

针对城市排水安全热点问题，社会各界都非常关注，从古今中外不同方面提供相应案例以供参考和借鉴。在经常提及不发生积水的国内案例中，有北京的“故宫”、赣州的“福寿沟”和青岛老城等。事实上，除古代建设的一些地区不易发生积水外，当前很多新建城市或地区也不易发生积水现象，如北川新县城。以下结合具体案例，来探讨这些地区不易发生积水的主要原因。

1 北京故宫案例解析

故宫经常作为汛期从不发生积水的典型案例，认为内部排水系统布局合理、设计理念先进、排水设施建设标准高是不发生积水的主要原因。事实上，由于故宫所在区域具有以下特点，才使其免受积水灾害的威胁。

面积小：故宫占地面积只有 $72hm^2$，故宫平面布局如图 1 所示。

地形有利：整体地形高于周边地区，走势北高南低、中间高两边低，非常有利于自然排水。

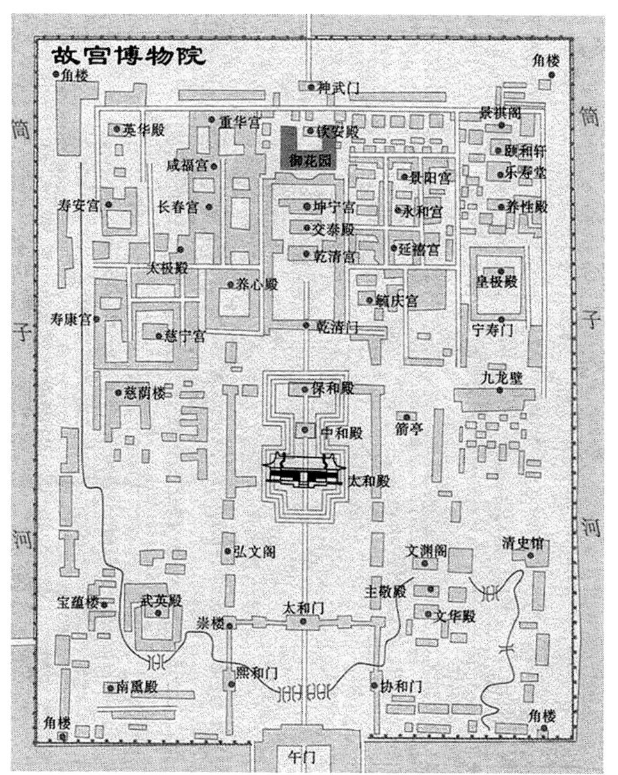

图 1　故宫平面布局示意图

沟渠密度大：故宫内有纵横交错的明沟暗渠以及内金水河，即每条管渠分担的汇水面积很小。

附近有收纳水体：故宫四周有 52m 宽的护城河，为就近接纳内部雨水创造了良好条件。

上述诸多有利因素，才是故宫不易发生积水的主要原因。

“福寿沟”排水系统格局与故宫相似，即水系较丰富、雨水能就近排放以及很好衔接了与外部水系的关系，但“福寿沟”所在排水流域不积水并不能代表整个赣州市就不会发生积水。

2 北川新县城案例解析

2008 年“5·12”汶川特大地震中，原北川县城所在地曲山镇是整个灾区损失最为惨重的地区，已无原地重建可能，新县城异地重建。北川新县城距老县城 23km，为丘陵平坝区，高程在 546～600m 之间，地势是四周高，中部低，安昌河自西北向东南穿越。县城地势北高南低，城区规划面积不大，且保留和规划新建了多条河流，为城区雨水顺利排放提供了良好的自然条件。图 2 是北川新县城内水系分布情况。

和我国其他城市一样，北川新县城内雨水管渠的设计方法也是采用暴雨强度公式法，设计重现期为 2 年一遇。根据用地和道路布局、河流水系分布以及地形特点，在新县城规划建设了相应的雨水排放系统（图 3），形成 8 个排水分区（图 4），每个排水分区汇水范围都不大，一般不超过 $100hm^2$，雨水主干管最大汇水面积不超过 $50hm^2$。

从雨水管管径构成中也可以反映出新县城排水系统汇水范围小的特征，在不同管径雨水管长度占比中，小管径雨水管长度占比很高，而大断面尺寸的雨水管渠占比较

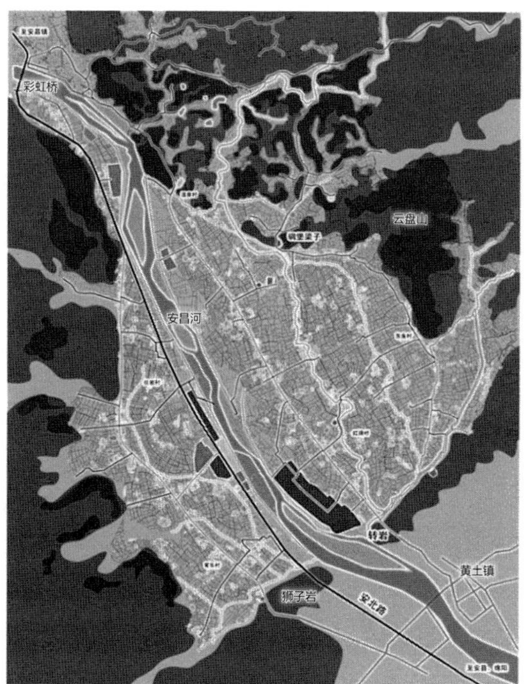

图 2　北川新县城水系分布图

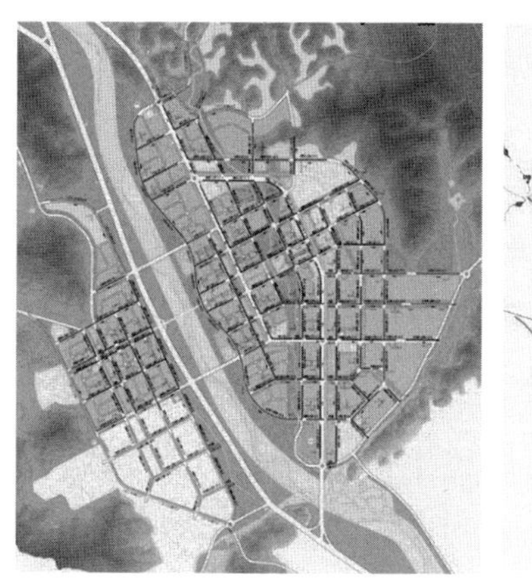

图 3　北川新县城雨水管网布置图

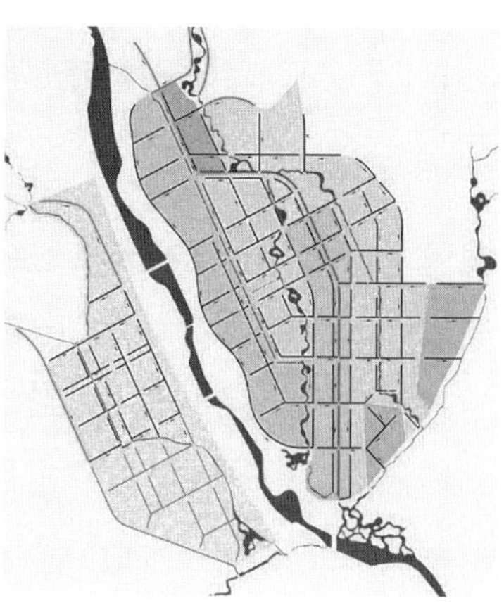

图 4　北川新县城雨水系统分区图

低。其中管径小于等于1000mm的雨水管占雨水管总长度的78%，管径大于1000mm的雨水管渠仅占22%。

由于排水系统汇水范围较小，加上设计坡度较大，使得新县城雨水管网对应的汇流时间都比较短。根据暴雨强度公式法的特征，这些雨水管网都具有很强的排水能力，远大于排水系统设计标准（P=2a）要求。

北川新县城建成后，经受了多场超标降雨的考验，城区排水安全得到很好保障。新县城不易发生积水，并不是雨水管网建设标准高的原因，除地形有利于排水和内部有多条收纳水体外，还与暴雨强度公式法的特征有关，即系统汇水范围越小或雨水管渠对应的汇流时间越短，雨水管网系统的整体排水能力越强。

3 北京二环路内地区案例解析

3.1 “7·21”降雨对城市的影响

2012年7月21日，北京市遭遇61年来最强暴雨，城区平均降雨量170mm，最大小时降雨强度达到20年一遇，远远超过现状雨水管渠的设计标准，图5是故宫气象站测得此降雨过程中小时降雨量的情况。此次降雨造成中心城66座立交桥积水，给居民生命财产造成很大损失，也影响到北京市一些地区生产与生活的正常运行。

与此同时，根据相关部门现场反馈，在这场降雨过程

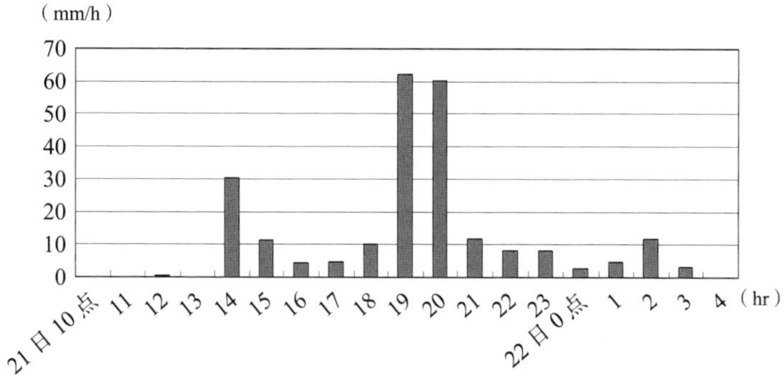

图 5　“7.21”故宫气象站测得的小时平均降雨量

中，北京二环路以内 62km^2 范围内，却没有出现 1 处较大积水路段，只是有在可容忍范围内的短时、较浅积水，二环路内所有道路没有影响交通通行。图 6 是北京二环路内用地布局示意图。

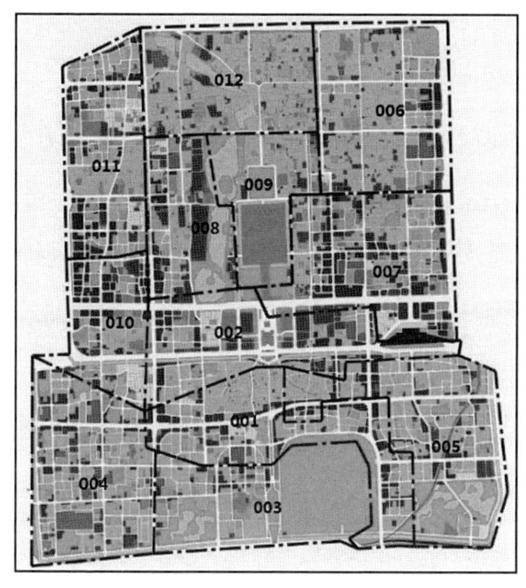

图 6　二环路内用地布局示意图

北京市二环路内地区为老城区，除个别地区外，大部分地区雨水管设计标准为 1 年一遇。按此标准建设的排水系统如何能应对 20 年一遇的超标降雨，这很值得人们思考。

3.2 不积水成因分析

3.2.1 水系密度大且分布均匀，有利于雨水就近排放

二环路内河湖水系数量比较多，且布局比较均匀。除沿二环路有比较宽的护城河外，内部还有多处大水面和多条明河和暗渠，在此基础上形成八个雨水排放系统，分别是北护城河雨水系统、南护城河雨水系统、东护城河雨水系统、西护城河雨水系统、东盖板河雨水系统、西盖板河雨水系统、筒子河雨水系统和前三门盖板河雨水系统。二环路内主要河流水系分布如图 7 所示。河湖水系的均匀分布，一方面避免了大排水系统的出现，另一方面为雨水的就近排放创造了良好条件。

3.2.2 雨水管汇流时间较短，系统具有较强的排水能力

按暴雨强度公式法构建的排水系统，雨水管渠排水能力除与设计标准有关外，还与对应的汇水面积或汇流时间有关。由于二环路内水系数量较多，且分布比较均匀，使得每个排水系统的汇水范围都不是很大，系统中雨水主干管对应的汇流时间比较短，根据降雨强度与雨水管汇流时间的对应关系，这些排水系统具有较强的排水能力。

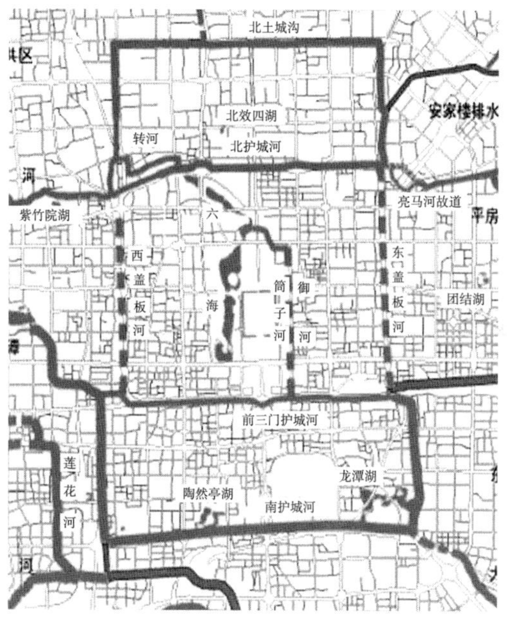

图 7　二环路内主要河流水系分布图

3.2.3 雨水管设计流量富余度较大

雨水管设计余量主要体现在两个方面，一是选取雨水管的排水能力一般大于计算设计流量，二是雨水管渠承压排放时（水面线高出管顶但低于路面）的排放能力大于重力流排放时的排水能力。

（1）雨水管排水能力大于计算设计流量

当计算设计流量确定后，选取雨水管的排水能力一般要大于计算设计流量，从而使得雨水管具有一定的排水能力富余度。另外很多城市雨水管规格尺寸不齐全，特别是 *D*450mm、*D*700mm、*D*900mm 这样尺寸规格的雨水管经常短缺。当根据设计流量确定的雨水管管径正好是这些规格尺寸时，为安全起见，设计技术人员往往选取比计算管径大一号的雨水管。雨水管管径的增大会提升其排水能力富余度，例如，当雨水管设计坡度为千分之三时，*D*800mm 雨水管对应的排水能力要比 *D*700mm 雨水管对应的排水能力提高 43%，相当于排水能力由 1 年一遇提高到 3.5 年一遇；同样设计条件下，*D*1000mm 雨水管排水能力比 *D*900mm 雨水管排水能力增加 32%，相当于排水能力由 1 年一遇提高到 2.5 年一遇。

（2）承压排放排水能力大于重力流排放排水能力

当遭遇超标降雨时，为满足雨水径流排放要求，雨水管的排放形式将由重力流排放转变为压力流排放，具体表现为雨水管水力坡度大于按重力流排放时的设计坡度。水力坡度的增大会提升雨水管的排水能力，例如，对于管径为 *D*1000mm 的雨水管，当水力坡度由千分之二提高到千分之三时，其排水能力提高 22%，相当于排水能力由 1 年一遇提高到 2 年一遇；当水力坡度由千分之二提高到千分之四时，其排水能力提高 42%，相当于排水能力由 1 年一遇提高到 3 年一遇以上。由此可见，承压排放时雨水管渠的排水能力明显大于重力流排放时的排水能力。

根据以上分析，北京二环路内地区没有发生严重积水的原因与内部水系分布、雨水排水能力富余度和现有雨水管设计方法特点等因素有关。上述众多因素的叠加影响，使得按 1 年一遇设计标准建成的雨水管网系统具有较强的排水能力，可有效应对超标降雨时的径流排放。

案例说明，既有雨水管网当时选取的设计标准并不等同于其实际排水能力。根据现有雨水管设计方法即暴雨强度公式法的特点，对于汇水范围较小、雨水管渠汇流时间较短的排水系统，其实际排水能力要明显高于系统设计标准。只要排泄通道畅通，下游收纳水体不产生顶托，所在地区就不易发生路面积水。

容易发生积水典型案例

近些年来，很多城市尤其是大城市接连遭受道路积水灾害的影响，且发生的频次远远高于中小城市；另外一些新建地区也不断发生道路积水现象，一些城市还存在长期难以治理的积水顽症路段等。如何解释这些现象，如何破解当前面临的排水困局，是很多城市极为关注的事项。

1 新建地区积水案例解析

1.1 积水现象

新建地区雨水管网的设计标准一般要高于旧城区，但很多新建地区也时常发生路面积水现象，如武汉光谷中心城、桂林全州站、成都高新区和天府新区等地区，都先后发生了不同程度的道路积水现象。如 2018 年 7 月 5 日，川报观察记者熊筱伟的文章“一场不算特别大的暴雨，为何让城市新区出现内涝？”就报道了 7 月 2 日一场暴雨导致成都局部地区内涝，大部分内涝点都属于成都高新区、天府新区等城市新区。

1.2 成因分析

对于新建地区，如果存在设计坡度较小、汇水范围较大的排水系统，就很容易发生道路积水现象。根据现有设计方法即暴雨强度公式法的特点，在这些排水系统中，上下游不同雨水管道对应的排水能力差异很大，表现为雨水支管排水能力很强，而下游雨水干管排水能力不足，远低于系统设计标准要求。这些管段成为制约系统整体排水能力的瓶颈，这些“关键少数”管段是造成道路积水的主要原因。

以北京市 1980 年版暴雨强度公式为例，当系统设计标准取 1 年一遇时，不同汇流时间雨水管对应的排水能力相差很大，以下是随着汇流时间的增加，雨水管渠排水能力的变化情况：

当雨水汇流时间小于等于 30 分钟时，雨水管排水能力可满足 3 年一遇设计标准；

当汇流时间为 120 分钟时，雨水管排水能力仅为 0.36 年一遇，为满足系统 P=1a 设计标准要求，需要把该管段的设计标准提高到 5 年一遇以上；

当汇流时间为 180 分钟时，雨水管排水能力仅为 0.23 年一遇，为满足系统设计标准要求，需要把该管段的设计标准提高到 20 年一遇。

根据上述分析，雨水管对应的汇流时间越长，其排水能力越低。因此，不论是新建地区还是已建地区，若排水系统中存在汇流时间较长的雨水管段，即使采用最新的设计标准，该排水系统仍将面临较高的道路积水风险。

1.3 案例借鉴

以重庆市星光大道为例，来分析新建地区发生道路积水的原因。星光大道位于重庆市渝北区，南北方向穿越照母山森林公园，星光大道以及周围建设用地约于 2010 年建成。近年来频繁发生积水问题，尤其是星光大道与黄山大道下穿路路口，逢雨必淹。图 1 是 2019 年 7 月 22 日星光大道幸福广场及附近道路积水情况，位于道路交叉口附近的一些检查井还发生喷水现象。

图 1　重庆市星光大道幸福广场附近道路积水情况

根据星光大道雨水管网设计施工图资料，该区域排水系统由高区、低区两套系统构成（图 2），其中高区系统主要作为上游人和水库泄洪通道使用，同时沿程收集金开大

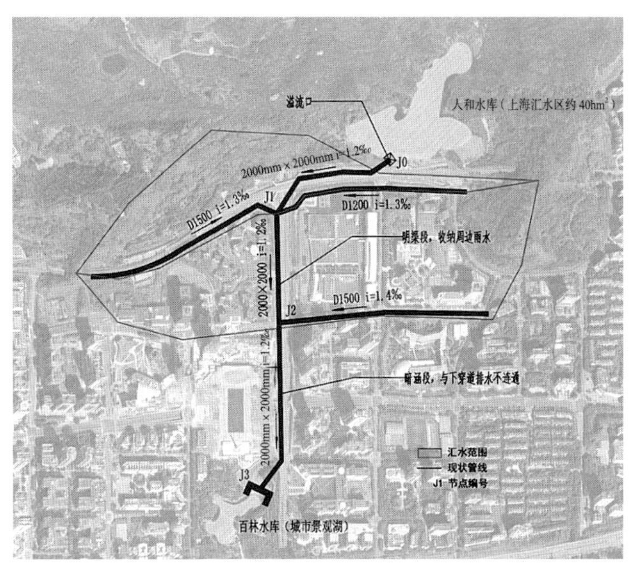

图 2 重庆市星光大道高区排水系统布局示意图

道、星光五路等标高相对较高区域雨水径流，雨水最终排放至下游白林水库，管涵尺寸为 2000mm × 2000mm。低区系统主要为解决下穿道等以及周边低洼地块雨水排水，管径为 D1200，对应排水面积约 8hm^2。高区与低区排水系统相互独立，不相互联通，在一般情况下，高区雨水不会进入下穿道，而下穿道管道排水能力富余，不应频繁积水。

通过现场观测，在暴雨情况下，在高区排水系统上游路段即 J1 节点就发生了涌水现象，高区雨水径流由地面转输至下穿道，造成低洼区排水系统超负载，引发了积水问题。通过对高区雨水系统进行核算并分析积水点与瓶颈管段的空间关系，导致道路积水的原因是高区排水系统下游管渠排水能力不足所致。通过将两种雨水管设计方法计算流量进行比较，发现一年一遇暴雨强度公式法计算流量仅相当于等强度法的 0.40～0.54 年一遇，计算流量明显偏小。根据水力计算结果（表 1），按暴雨强度公式法计算的上游 J2 点设计流量要大于下游 J3 点设计流量，若按计算流量选取管径，会出现“大管接小管”情况。

以上案例说明，暴雨强度公式法存在的缺陷以及设计标准的不合理配置是造成星光大道等新建城区发生积水的主要原因。全面提高排水系统设计标准除造成绝大部分雨水管设计标准“被提高”外，下游个别汇流时间较长的雨水干管排放能力不足问题并没有得到彻底解决，排水安全风险依然存在。因此，客观了解现状排水设施的真实建设水平，准确找到排水系统存在的短板，才是解决新建地区道路积水问题的根本。

2 积水顽症路段案例解析

2.1 积水顽症路段的出现

很多城市尤其是平原大城市，虽然经过多年道路积水综合整治，在建成区甚至在中心城区依然存在极易发生积水的顽症路段，而且空间位置是固定不变的。通过查阅 2019 年城市道路积水相关资料，北京中心城区有易积水路段 19 处，其中严重积水路段 5 处；石家庄老城区有易

高区排水系统雨水流量计算表　　表 1

公共参数						暴雨强度公式法				等强度法		
节点号	管段号	本段长度	总长度	本段面积	累计面积	汇流时间		暴雨强度	流量	等强度	流量	设计管径
		m		hm^2		管内（$t2$）	总时间（t）	L/（$hm^2 \cdot s$）	（L/S）	L/（$hm^2 \cdot s$）	（L/S）	mm
J1	J0-J1	1300	1300	23	23	19.17	115.17	74.06	1107	103	1539.85	1200
J2	J1-J2	359	1659	47	70	4.02	119.19	63.82	2234	103	3605	1800
J3	J2-J3	503	2162	0	70	5.63	124.82	61.89	2166	103	3605	1800

积水路段 26 处；天津中心城区有易积水路段 52 处，其中严重积水路段 28 处；长春市城区内有易积水路段 33 处，其中严重积水路段 19 处；武汉中心城区有 48 个易积水点，具体位置在高德“积水地图”上均可查阅到。

2.2 成因分析

2.2.1 系统中存在排水能力不足的雨水管段

很多大城市尤其是平原大城市，如北京、武汉、石家庄、郑州、长春等，都存在数量不等汇水范围较大且地势平坦的排水系统。在这些排水系统中，由于雨水主干管长度较长，且设计坡度较小，导致雨水干管对应的汇流时间很长，根据现有设计方法即暴雨强度公式法的特点，这些下游雨水干管排水能力低于设计标准要求，成为制约系统整体排水能力的瓶颈。在遭遇长历时降雨时，这些瓶颈管段的排水方式由重力流排放变为承压排放，即这些管段的水力坡度大于管道设计坡度，导致水面线高出雨水管管顶。当水面线高出路面或水头压力大于管渠覆土厚度时，所在路段就会发生积水。

2.2.2 积水点与排水能力最小瓶颈管段在空间上存在错位

由于雨水管渠有一定的埋深，因此，系统中排水能力最小管段所在区域往往不会发生积水，只有当瓶颈管段水头压力超出管渠覆土厚度时才会出现地面积水，即积水点位于排水能力最小雨水管段的上游位置。两者之间的距离并不固定，与覆土厚度、瓶颈管道长度、管道设计坡度等因素有关。排水管渠覆土越深、设计坡度越小，两者之间的距离越远。

如果不对系统上下游不同管段的排水能力进行评估，仅把治理重点放在积水点周围的排水设施方面，而不对下游瓶颈管段进行提标改造，系统中这些路段的积水问题就难以从根本上得到解决。

2.3 案例借鉴

通过石家庄具体案例，可以直观了解积水点与系统瓶颈管段的空间关系。受地形、水系分布等因素的影响，石家庄城区有多个汇水面积较大的排水系统，东二环路排水系统就是其中之一。

东二环排水系统汇水范围约 16.5km^2，雨水主干管总长度为 10.2km，该排水系统地势极为平坦，管渠设计坡度很小，使得中下游雨水管渠对应较长的汇流时间。在 2010 年 7 月 31 日强降雨过程中，东二环沿线就有 7 处积水点（图 3 椭圆形框内）。

东二环排水系统排水干管为道路双侧布局，管径为 D700 至 4000mm × 2520mm，系统雨水主干管布局和上下游雨水管渠断面尺寸如图 4 所示。通过对系统中雨水干管排水能力的核算，积水点所在位置雨水管渠的排水能力相

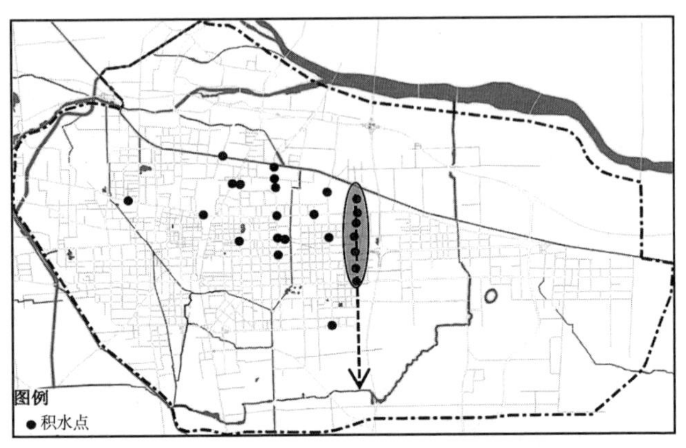

图 3　石家庄市中心城区积水点分布示意图

对比较强，尤其是位于最上端两个积水点的雨水管道排水能力远大于 1 年一遇；第 3 个积水点雨水管道的排水能力也略大于 1 年一遇；第 4 个积水点到第 7 个积水点雨水管渠的排水能力基本上能达到 0.5 年一遇。系统中排水能力严重不足的雨水管段主要位于积水点的下游，雨水管渠越靠近下游，其排水能力越弱，东二环排水系统最末端雨水管渠的排水能力只有 0.2 年一遇。根据反推演算，为使该渠段的排水能力达到 1 年一遇，需要把下游管渠的设计标准提高到 75 年一遇以上。由此可见，在遭遇长历时降雨时，该系统将面临非常高的道路积水风险。

另外，由于东二环排水系统雨水管渠设计坡度很小，在 0.4‰～0.8‰之间，使得积水点与下游排水能力最小瓶颈管段的距离很远，两者之间的距离超过 5km。

本案例说明，“积水在上游，问题在下游”。一些城

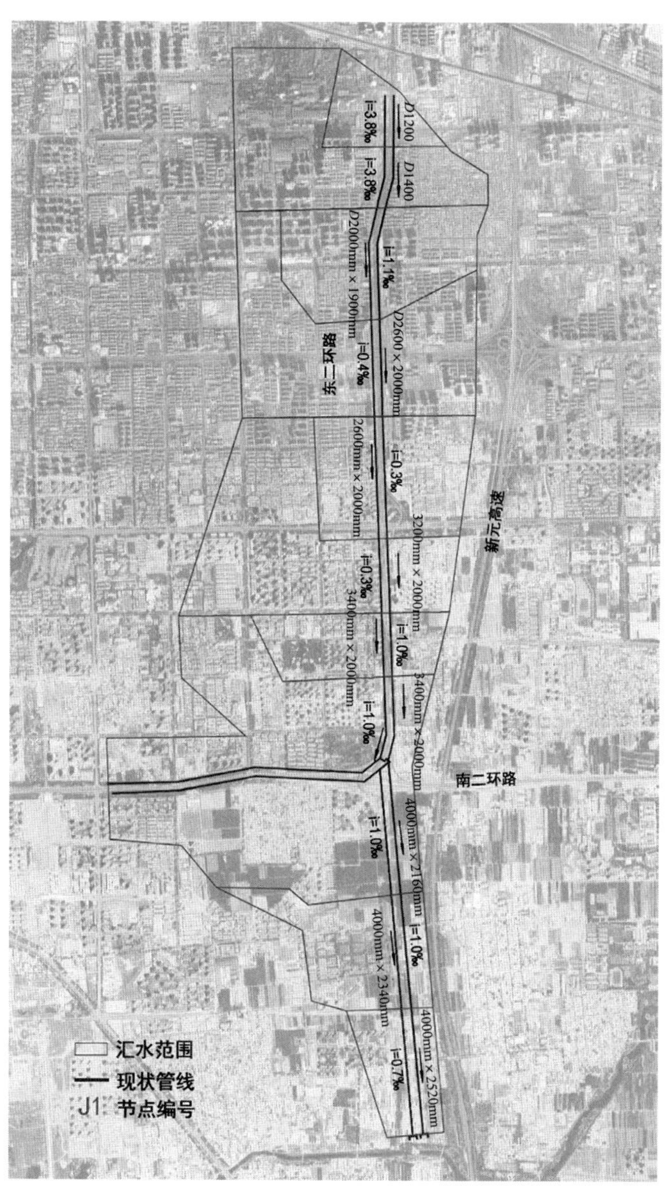

图 4　石家庄东二环排水系统现状雨水管布置图

市由于不了解排水系统中瓶颈管段产生的原因，也不清楚上游积水点与下游瓶颈管段两者之间的空间关系，往往把注意力和改造重点放在积水点附近，这可能就是积水顽症路段存在的主要原因。倘若处置不当，还有可能把积水风险和排水压力转移到下游地区。

3 封闭地区积水案例解析

3.1 封闭地区积水现象

近些年来，一些城市还存在令人费解的排水现象，在没有降雨径流产生的封闭地区，如下穿式隧道、地铁站通道、火车站地下进出站等区域，也时常发生积水现象。

2019 年 6 月 21 日武汉地铁 11 号线光谷七路站 D 出口出现严重积水情况。

2016 年 7 月 20 日，处于封闭空间的西客站地下出站口和莲花池东路隧道也遭到不同程度的积水影响，相关新闻媒体对西客站的积水情况进行了报道。

北青网:“北京西站出现雨水倒灌 积水中有鱼冒出”。

华龙网:“北京西站千人总动员齐心协力退积水”一文称,“昨天 16 时许，莲花池东路北京西站隧道发生大面积积水，3 辆私家车浸泡在水中，无人员伤亡。市排水集团抢险大队正在紧张排水实施救援。”

3.2 成因分析

以北京西站所在的新开渠排水系统为例，分析封闭区域发生积水的原因。新开渠排水系统西起永定河，东至莲花河，总长度超过 10km，汇水面积超过 $10km^2$。从万丰路开始到莲花河新开渠由明渠变为暗涵，箱涵设计坡度千分之一左右，图 5 是新开渠排水系统示意图。

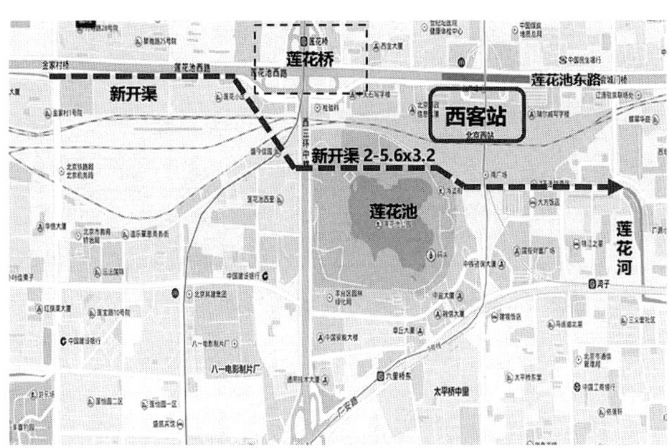

图 5　新开渠排水系统示意图

新开渠排水系统汇水面积大，干渠长度很长，且坡度较小，下游箱涵对应较长的雨水汇流时间，通过验算，下游雨水箱涵（莲花河至莲花池之间）排水能力很低，不能满足设计标准要求。在遭遇长历时降雨时，这些箱涵的排放形式不是重力流排放，而是压力流排放，即管渠对应的水面线高于渠顶标高。受这些瓶颈管段的顶托，这些渠段和与之连接的附近上游及周围管渠均呈压力流排放。

例如，在“7·21”降雨当天，测得莲花池附近新开渠箱涵的水头压力为1.98m，即水面线高出渠顶接近2m。另外，从北京市水务局技术人员拍摄的箱涵内部照片（图6）也进一步证实了排水箱涵经常处于承压排放状态。从照片可以看到，新开渠箱涵顶板挂满杂草，顶板表层脱落和钢筋裸露，说明这段箱涵在汛期常处于有压排放。

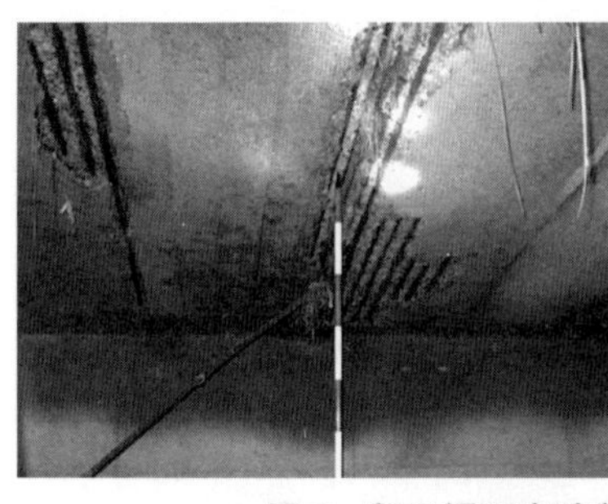

图6　新开渠西客站段箱涵内部受损情况

照片来源：朱晨东，PPT“7．21水灾的解读与反思”，2013.7.3

承压排放不仅对箱涵结构造成不利影响，还使周边地区面临积水的风险。当雨水箱涵承压排放时，不仅周边雨水无法通过重力流排入，该排水系统传输的“客水”还会流向附近的低洼地区；加上莲花池对新开渠排水系统的调蓄能力有限，受上述因素影响，凡是低于新开渠箱涵水面线且与箱涵连通的任何地区都有积水（倒灌）的可能。

如2012年7月21日，位于系统中游的莲花桥桥区发生严重积水现象；2016年7月20日，距新开渠以北400米左右且处于封闭状态的西客站地下出站口和莲花池东路隧道发生积水，上述区域积水原因都与新开渠排水系统承压排放导致“客水”入侵有很大的关系。

案例说明，由于排水系统的复杂性，造成封闭地区等地势低洼区域积水的原因不尽相同，要从遵循排水系统的自然规律和雨水排放系统性要求出发，找出地面积水的真正原因，在此基础上制定出行之有效的治理对策。对于这些封闭区域，既要完善内部的雨水排放系统，更要衔接好与外部排水系统的关系，要把控制外部“客水”汇入作为积水治理的优先考虑事项。

参考文献

1. 中华人民共和国建设部 . 城市规划编制办法 [Z]. 2006.

2. 邓培德. 再论城市暴雨公式统计中的若干问题 [J]. 给水排水，1998（24）：15-19.

3. 金家明 . 城市暴雨强度公式编制及应用方法 [J]. 中国市政工程，2010（1）：38-41.

4. 郭渠，廖代强，孙佳，等 . 重庆主城区暴雨强度公式推算和应用探讨 [J]. 气象，2015，41（3）：336-345.

5. 谢飞，吴俊锋 . 城市黑臭河流成因及治理技术研究 [J]. 污染防治技术，2016，29（1）：1-3.

6. 李红 . 城市排水工程专项规划编制探讨 [J]. 城市规划，2003（7）：83-88.

7. 赵越，姚瑞华，等 . 我国城市黑臭水体治理实践及思路探讨 [J]. 环境保护，2015，43（13）：27-29.

8. 张列宇，王浩，等 . 城市黑臭水体治理技术及其发展趋势 [J]. 环境保护，2017，45（5）：62-65.

9. 中国城市规划设计研究院 . 汕头市龙湖东区排水改造规划 [R]. 2000.

10. 中国城市规划设计研究院 . 肇庆端州城区管线综合规划 [R]. 2003.

11. 李海燕，梅慧瑞，徐波平 . 北京城市雨水管道中沉积物的状况调查与分析 [J]. 中国给水排水，2011，27（6）：36-39.

12. BOON，P. J. Essential elements in the case for river construction[M]//BOON，P. J. River Conservation and Management. Hoboken：WILEY，1992：11-33.

13. CHEN. The evolvement of river system during the process of urbanization in Shanghai[J]. Urban Problems，2002，No.5：31-35.

14. DUNNE T，LEOPOLD L B. Water in environmental Planning[M]. San Francisco：W. H. Freeman and Company，1978.

15. TURNER T. Landscape Planning and Environmental Impact Design[M]. London：UCL Press，1998.

16. Anon. Drain and sewer systems outside Buildings[S]. BRITISH STANDARD，BS EN 752：2008.

17. Anon. Urban Storm Drainage Criteria Manual：Volume 1：Management，Hydrology，and Hydraulics[M]. Denver：[s.n.]，2016.

18. 孙慧修 . 排水工程：上册 [M]. 北京：中国建筑工业出版社，1998.

19. 室外排水设计规范：GBJ 14—1987[S]. 北京：中国计划出版社，1987.

20. 室外排水设计规范：GBJ 14—1987（1997 年版）[S]. 北京：中国计划出版社，1997.

21. 上海市政工程设计研究总院 . 室外排水设计规范：GB 50014—2006[S]. 北京：中国计划出版社，2006.

22. 室外排水设计规范：GB 50014—2006（2011 年版）[S]. 北京：中国计划出版社，2011.

23. 室外排水设计规范：GB 50014—2006（2014 年版）[S]. 北京：中国计划出版社，2014.

24. 室外排水设计规范：GB 50014—2006（2016 年版）[S]. 北京：中国计划出版社，2016.

25. 施建刚，蔡波妮 . 面积管长比法划分汇水面积的探讨 [J]. 中国给水排水，2006（8）：51-54.

26. 住房和城乡建设部，中国气象局 . 城市暴雨强度公式编制和设计暴雨雨型确定技术导则，2014.

27. 黄晗，刘德明，丁若莹，等 . 新旧暴雨强度公式对比分析 [J]. 市政技术，2017，35（3）：99-102.

28. 王强，张晓昕，韦明杰，等 . 北京市城市雨水排除系统规划设计标准研究 [J]. 给水排水，2011，37（10）：34-39.

29. 郝天文，孔彦鸿 . 城市排水系统的困局与重构 [J]. 城市规划，2019（8）：103-107.

30. 张亮，俞露，任心欣 . 基于历史内涝调查的深圳市海绵城市建设策略 [J]. 中国给水排水，2015（23）：120-124.

31. 北京市质量技术监督局，北京市规划和国土资源管理委员会 . 城镇雨水系统规划设计暴雨径流计算标准：DB11/T 969–2016[S]. 2016.

32. 上海市水务规划设计研究院，等 . 暴雨强度公式与设计雨型标准：DB31/T 1043—2017[S]. 2017.

33. 武汉市市场监督管理局 . 武汉市暴雨强度公式及设计暴雨雨型：DB4201/T 641—2020[S]. 2020.

34. 邓培德．论城市雨水道设计流量的计算方法 [J]. 给水排水，2007, 33（6）：112-116.

35. 黄谦．对《室外排水设计规范》雨水设计重现期应用条款的商榷 [J]. 市政技术，2013（5）: 80-91.

36. 王艳华，等．城市地面塌陷中渗流致灾机理及其控制分析 [J]. 合肥学院学报，2015（1）：59-62.

37. 李潇，何静．基于三维地质结构模型的北京东城区地面塌陷成因分析 [J]. 分析评价，2014（2）：28-31.

38. 钟世英，丛波日．城市地面塌陷灾害成因机理分析与分类 [J]. 工程地质学报，2016（24）：341-346.

39. 高明生．城市道路塌陷原因分析及预防措施 [J]. 市政技术，2014（5）: 39-42.

致谢

本书得以顺利完成，离不开中国城市规划设计研究院多位同事和同行专家的大力支持和帮助。

首先感谢中规院总工室的孔彦鸿副总工程师，本书涉及的多篇文章和很多研究内容，都有她的参与和贡献，尤其是在市政工程专项规划编制几点问题的探讨、暴雨强度公式法适用范围的界定、不同设计方法对城市排水安全和工程投资的影响研究、城市排水系统的困局与重构等方面，都提出了宝贵的意见和建议。

西部分院的浦鹏和唐川东参与了重庆市和石家庄市案例工程的实证研究，包括雨水管渠水力计算，不同重现期下排水系统承压管线分析图和雨水管网布置图的绘制等，他们的工作使研究内容展示得更加直观、研究结论依据更加充分。北京公司的李文杰在给排水工程设计方面经验非常丰富，他提供了几十个不同断面尺寸雨水管渠单位工程造价的一手资料，从而为不同工况排水系统工程投资估算对比研究奠定了很好基础。院士工作室的陈明共同参与编写了“对治理和缓解城市内涝的规划建设建议”，他的文辞修饰使表达的内容更加清晰明了、通俗易懂。水务院的王召森对欧美城市雨量计算方法和推理公式的应用情况非常了解，并就有关内容与他进行了多次交流，他反馈的信息对了解国外城市雨量计算方法状况有很大的帮助。水务院的陈诗扬分享了他在国外留学期间收集到的有关荷兰和欧洲其他城市的降雨数据，这些资料为中欧主要城市降雨特征对比提供了很好的数据支撑。在此衷心感谢上述各位同事的大力支持和帮助。

本书一些研究内容和列举的工程案例还涉及多个规划项目，如北川新县城市政工程专项规划、汕头市龙湖东区排水改造规划、肇庆端州城区管线综合规划、石家庄市城市排水（雨水）防涝综合规划等项目，这些规划项目为本书相关文章的撰写提供了丰富的素材和重要的案例支撑，向各项目组所有成员表示感谢。

此外，还要特别感谢业内两位资深专家对本书提出的宝贵评价意见。全国工程勘察设计大师，中国市政工程中南设计研究总院有限公司原总工程师、副院长李树苑教授给出的主要评价意见是：“排水工程的管网系统是黑臭水体治理、内涝防治的重要基础设施，一直未受到充分重视，本书作者长期关注城市排水管网系统的规划建设，尤其在很少有人关注的基础研究和方法研究方面进行了系统的研究，取得了丰硕的研究成果。……该书非常注重理论研究与工程实践相结合，基础研究与成果应用相结合，研究得出的主要结论都在具体工程案例中进行了验证。……本书具有很高的学术水平，研究成果有利于客观认识城市既有排水管网系统的真实状况，对排水管网系统优化改造和规划建设可以提供重要的技术支撑和很好的指导作用”。

中国市政工程华北设计研究总院有限公司总工程师郑兴灿教授给出的主要评价意见是:“作者通过数十年持之以恒的研究与实践，对城市排水管网的计算方法、适用条件以及工程实践中所遇困惑和问题进行了大量探索，本书无疑是作者在城市排水管网系统领域的经验总结和学术成果集成。……这些研究成果为优化完善城市排水管网系统将发挥重要的指导作用。……本书不仅学术水平较高，同时还具有很好的实操性，能合理引导排水管网系统的改造建设，对保障城市排水安全、改善水环境质量能发挥重要的作用”。